生产安全事故调查处理实务与典型案例

孙兆贤　李光耀　孙　煌　朱维亚　主编

U0235936

黄河水利出版社
·郑州·

内 容 提 要

本书以当前工贸行业生产安全事故分类和调查处理中存在的问题为导向,以国家标准《企业职工伤亡事故分类》(GB 6441—1986)为依据,理论与实践相结合,阐述了如何开展生产安全事故调查处理与统计分析工作。本书精选的典型案例及其点评,对于非煤工矿商贸各行业从事安全生产管理工作的人员具有很强的指导意义,能让读者从旁人的错误中汲取教训,避免重蹈覆辙。

本书可供工贸行业生产经营单位主要负责人、安全生产管理人员、政府相关部门事故调查处理人员、安全培训教师、注册安全工程师、安全评价师等专业人士阅读,也可供生产一线班组长和从业人员学习参考。

图书在版编目(CIP)数据

生产安全事故调查处理实务与典型案例/孙兆贤等主编.—郑州:黄河水利出版社,2020.12 (2021.6 重印)
ISBN 978-7-5509-2848-0

Ⅰ.①生… Ⅱ.①孙… Ⅲ.①生产事故-案例-汇编-中国 ②安全事故-案例-汇编-中国 Ⅳ.①X928.06

中国版本图书馆 CIP 数据核字(2020)第 239419 号

出 版 社:黄河水利出版社　　　　　　　　网址:www.yrcp.com
　　　　　地址:河南省郑州市顺河路黄委会综合楼 14 层　邮政编码:450003
发行单位:黄河水利出版社
　　　　　发行部电话:0371-66026940、66020550、66028024、66022620(传真)
　　　　　E-mail:hhslcbs@ 126. com
承印单位:河南瑞之光印刷股份有限公司
新华书店经销
开本:710 毫米×1 000 毫米　1/16
印张:17.25
字数:216 千字
版次:2020 年 12 月第 1 版　　　　　　印次:2021 年 6 月第 2 次印刷

定价:58.00 元

序 言

孙兆贤、李光耀、孙煌、朱维亚共同主编的《生产安全事故调查处理实务与典型案例》一书,按照《企业职工伤亡事故分类》(GB 6441—1986)规定的20种事故类别进行分类,在此基础上,开展了事故原因、事故报告和调查处理,事故发生规律等方面的探索和研究。此书作为生产经营单位主要负责人、安全生产管理人员、生产一线班组长和从业人员等开展安全培训的辅助资料,具有积极的参考价值。

非煤矿山、石油天然气开采、危险化学品、金属冶炼、建筑施工、道路运输等传统高危行业是我国经济社会发展的基础产业。长期以来,由于高危行业劳动强度大、安全风险高,对高技能人才吸引力不足,加之受我国快速城镇化过程中大量安全技能"零基础"的进城务工人员在高危行业就业等因素影响,高危行业普通职工安全技能不足的问题比较突出。一些从业人员安全意识淡薄,安全生产知识和能力缺乏,成了很多事故的直接肇事者,同时也是伤亡最多的受害者,令人十分痛心。这既是高危行业安全生产形势依然比较严峻的重要原因,也是制约这些行业安全发展、高质量发展的重大短板。

根据习近平总书记关于大规模开展职业技能培训的重要指示精神,2019年5月,国务院办公厅印发了《职业技能提升行动方案(2019—2021年)》,明确提出要实施高危行业领域安全技能提升行动计划,对化工、矿山等高危行业从业人员和各类特种作业人员开展安全技能培训,加快职业技能培训教材开发,严格执行安全技能培训合格后上岗制度等系列要求。

为把党中央、国务院有关要求和政策落到实处,应急管理部、人力资源和社会保障部等5个部门联合下发了《关于高危行业领域安全技能提升行动计划的实施意见》(简称《实施意见》)。2019年11月1日,应急管理部等5部门举行新闻发布会,对该《实施意见》进行解读。指出,我们通常所说的企业本质安全,包括人的本质安全和物的本质安全。综合国内外研究和经验来看,安全培训是企业安全生产工作的"三大对策"(装备、管理、培训)之一,是一些发达国家普遍公认的政府安全监管的"四大支柱"(立法、执法、培训、保险)之一,是防止"三违"行为,防范、遏制生产安全事故的源头性、根本性举措。为满足大量存在的自身没有培训能力的中小微企业的实际需要,《实施意见》做了针对性的制度安排:一是明确不具备能力的企业要委托有能力的企业或机构,提供长期、量身定制的培训考核服务。二是要积极推动产业和教育融合。三是要为企业培训提供网络平台、教师培训、教材编写等方面的支撑。要建设安全生产数字资源库,推动安全培训课件、事故案例、电子教材等资源共建共享。《生产安全事故调查处理实务与典型案例》这本书,可在一定程度上满足非煤矿山和工贸类企业的事故案例培训需求。它对于推动非煤矿山和工贸行业企业吸取事故教训,制定科学有效的工伤预防措施和加强应急处置工作,具有很好的参考价值。

　　许多生产安全事故调查报告都是把"对本单位员工的安全教育培训不到位"作为事故原因之一,并把"进一步强化对员工的教育培训"作为一项整改措施,这是完全必要的。但安全培训不是万能的。一是人员违规违章操作背后的成因非常复杂,安全技能素质只是其中的一个影响因素,如果将事故原因过多归结于安全培训,不符合我国当前企业的现状,也不利于深入探究事故背后本质的原因,从而不利于真正汲取事故教训。二是"冰冻三尺非一日之寒、滴水穿石非一日之功",高危行业从业人员安全技能不足的重大短板有着长期的历史积淀,随着行业发展和工艺技术进步还将有新的表现,需要久久为功,持之以恒地抓下去。我们要把《实施意见》转化为贯彻落实习近平总书记重要指示精神、补齐高危行业职工安全素质短板的重大成果,努力为安全生产形势持续稳定做出新的更大贡献。

　　我被四位主编对安全生产事业的热爱和辛勤耕耘的热情所感染,从为推动安全生产各类培训工作有序发展的角度出发,应邀为这本书写序。目的是希望全社会都来关心从业人员的生命安全,充分发挥各方面的智库作用,为提升从业者的安全意识和技能而共同努力,为减少各类事故伤亡做出应有的贡献。也愿意借此机会,向关心和支持安全生产培训工作的社会各界人士表示敬意!祝愿这本书能够在各地推进高危行业领域安全技能提升行动计划中发挥积极作用。

裴文田

2020 年 10 月

前　言

　　生产安全事故的报告和调查处理,是生产经营单位遇到意外突发事故后必须做好的一项重要工作,也是培训大纲规定的生产经营单位主要负责人和安全生产管理人员必须具备的一项安全生产知识和管理能力。对于地方政府来说,接收并研判事故报告(包括举报),开展事故调查处理,是各级应急管理部门和负有安全生产监督管理职责部门的领导同志和安全生产监管执法人员的主要职责之一。我国现行的国家标准《企业职工伤亡事故分类》(GB 6441—1986)是原国家劳动人事部 1986 年 5 月 31 日发布的,是劳动安全管理的基础标准,适用于企业职工伤亡事故统计工作。这是一部强制性的国家标准。但是,近几年来全国各地对事故分类不规范的问题非常突出,随意性很大。例如:上海翁牌冷藏实业有限公司“8·31”重大氨泄漏事故,“氨泄漏事故”国标上没有这个名称,应为“中毒窒息”事故;再例如:××鞭炮烟花厂“9·22”重大爆炸事故,国标上也没有这个名称,应为“火药爆炸”事故;还有,芜湖“10·10”重大瓶装液化石油气泄漏燃烧爆炸事故,国标上也没有这个名称,应为“其他爆炸”事故。这种事故分类上的不规范性对人们分析事故原因非常不利,对事故调查处理领域推行安全生产标准化非常不利,也不利于汲取事故教训、防范和减少各类生产安全事故的发生。俗话说:没有规矩不成方圆。

安全生产是最应该讲规矩的领域之一。本书力图从严格遵守国家标准、行业标准的角度,对国标 20 项生产安全事故,逐项遴选出近年来若干典型案例进行分析,使读者从中受到启发。

按照中华人民共和国应急管理部制定、国家统计局(国统制〔2020〕133 号)批准执行的 2020 年新版《生产安全事故统计调查制度》的规定,我国的基本事故类型仍为 20 项,分别为:01 物体打击、02 车辆伤害、03 机械伤害、04 起重伤害、05 触电、06 淹溺、07 灼烫、08 火灾、09 高处坠落、10、坍塌、11 冒顶片帮、12 透水、13 爆破、14 火药爆炸、15 瓦斯爆炸、16 锅炉爆炸、17 容器爆炸、18 其他爆炸、19 中毒和窒息、20 其他伤害。

按照国家标准《企业职工伤亡事故分类》(GB 6441—1986),伤亡事故是指企业职工在生产劳动过程中,发生的人身伤害、急性中毒。事故的类别共 20 类,分别为:1 物体打击、2 车辆伤害、3 机械伤害、4 起重伤害、5 触电、6 淹溺、7 灼烫、8 火灾、9 高处坠落、10 坍塌、11 冒顶片帮、12 透水、13 放炮、14 火药爆炸、15 瓦斯爆炸、16 锅炉爆炸、17 容器爆炸、18 其他爆炸、19 中毒和窒息、20 其它伤害。按照事故造成的伤害程度又可把伤害事故分为轻伤事故、重伤事故和死亡事故。

二者相比,应急管理部制定的 2020 年新版《生产安全事故统计调查制度》规定的事故基本类型第 13 项叫爆破,《企业职工伤亡事故分类》(GB 6441—1986)分类的第 13 项叫放炮,其余完全相同。

本书所收案例就是借鉴了国外的做法,从非煤工贸行业的角度,对国标20类生产安全事故,每类选取1~2个典型案例,先做一个简要的案情介绍,再由20位(组)资深安全生产业内人士对这20类典型案例进行了分析点评,包括此类事故的特点和危害、主要原因、防范措施、现场处置等。这些业内人士包括河南省安钢集团工程公司高级工程师栗爱国、中国石化集团中原油田高级工程师张同国、河南信儒实业有限公司高级工程师周瑞庆、中国石化集团中原石油工程公司高级工程师李传武等大型企业的安全高管,也包括部分市、县(区)应急管理部门的负责人。可以说,这本书是国家、省、市、县四级应急管理部门和有关企业共同参与、集体智慧的结晶。

根据应急管理部和地方县级以上人民政府应急管理部门的"三定方案"的规定,应急管理部门负责工矿商贸(不含煤矿)生产安全事故的预防工作。所以,本书主要写的是应急管理部门负责统计调查的非煤工贸行业生产经营单位的20类生产安全责任事故的预防措施和应急处置。

本书共分两大部分:

第一部分:生产安全事故报告与调查处理实务。包括:第一章事故定义;第二章事故报告;第三章事故调查;第四章事故处理。

第二部分:国标20类安全事故案例点评(2013~2020年),从应急管理部和全国各地应急管理部门公布的2013~2020年间的4 000多件事故调查报告中,精心遴选了符合国标20类事故本质特征的生产安全责任事故典型案例28件。每件典型案例的内容包括:事故经过、事故原因(包括直接原因、间接原因)、防范措施等。在查阅各地事故调查资料的过程中，一桩桩惨痛事故的重复出现，使我们的心情非常沉重，同时也发现了一些各类事故的发生概率，即近几年来，造成群死群伤的特别重大事故发生概率最高的是第十八类其他爆炸事故，如：青岛市"11·22"中石化东黄输油管道泄漏爆炸特别重大事故、江苏省苏州昆山市中荣金属制品有限公司"8·2"特别重大爆炸事故、江苏响水"3·21"特别重大爆炸事故等，其次是第八类火灾事故，如：吉林省长春市宝源丰禽业有限公司"6·3"特别重大火灾爆炸事故、天津港"8·12"特别重大火灾爆炸事故等。

"中毒和窒息"事故则是近几年来盲目施救导致事故扩大的最高发的事故类别，如：湖南安乡众鑫纸业有限责任公司"8·28"较大中毒窒息事故、天津荣程集团唐山特种钢有限公司"12·19"较大中毒窒息事故、河北衡水天润化工科技有限公司"11·19"较大中毒事故等；而爆破、瓦斯爆炸、锅炉爆炸这3类事故是非煤工贸行业近几年来的小概率事故。

本书力求做到简明实用、通俗易懂，既可作为对生产经营单位主要负责人和安全生产管理人员、安全培训教师、注册安全工程师等各类人员进行工伤事故预防和应急处置教育培训的辅助教材，可作为各级党政领导干部、负有安全生产监管职责的有关部门执法人员的自学参考书，也可用于生产一线班组长和从业人员的安全技能提升培训。

孙兆贤　李光耀　孙　煌　朱维亚

2020 年 10 月

目　录

第一部分　生产安全事故报告与调查处理实务

第一章　事故定义

一、事故

事故指人们在进行有目的的活动过程中,突然发生的违反人们意愿,并可能使有目的的活动发生暂时性或永久性中止,造成人员伤亡或(和)财产损失的意外事件。简单来说,即凡是引起人身伤害、导致生产中断或财产损失的所有事件统称为事故。

二、事故特性

事故是一种发生在人们生产、生活活动中的特殊事件,人们的任何生产、生活活动中都可能发生事故;事故是一种突发的出乎人们意料的意外事件;事故是一种迫使进行着的生产、生活活动暂时或永久停止的事件。

三、事故的分类

为了对事故进行调查和处理,必须对事故进行归纳分类,至于如何分类,由于研究的目的不同、角度不同,分类的方法也就不同。主要有以下分类方法。

(一) 依照造成事故的责任不同分类

依照造成事故的责任不同,分为责任事故和非责任事故两大类:

①责任事故,指由于人们违背自然规律,违反法令、法规、条例、规程等不良行为造成的事故。

②非责任事故,指不可抗拒自然因素或目前科学无法预测的原因造成的事故。

(二) 依照事故造成的后果不同分类

依照事故造成的后果不同,分为伤亡事故和非伤亡事故。造成人身伤害的事故称为伤亡事故;只造成生产中断、设备损坏或财产损失的事故称为非伤亡事故。

(三) 依照事故监督管理的行业不同分类

依照事故监督管理的行业不同,分为企业职工伤亡事故(工矿商贸企业伤亡事故)、火灾事故、道路交通事故、水上交通事故、铁路交通事故、民航飞行事故、农业机械事故、渔业船舶事故、煤矿事故、特种设备事故、建筑施工事故、民用爆破器材爆炸事故等。应急管理部门直接监管的是工矿商贸企业的安全生产,综合协调消防、道路交通、水上交通、铁路交通、民航飞行、农业机械和渔业船舶的安全生产。每个行业对事故都有详细的分类。

(四) 企业职工伤亡事故(工矿商贸企业事故) 分类

根据《企业职工伤亡事故分类》(GB 6441—1986),对企业职工伤亡事故,也就是现在所说的工矿商贸企业伤亡事故的分类,做出了具体的规定,主要有以下几种分类方法。

1. 按事故类别分类

按事故类别可将事故划分为:(1)物体打击;(2)车辆伤害;(3)机械伤害;(4)起重伤害;(5)触电;(6)淹溺;(7)灼烫;(8)火灾;(9)高处坠落;(10)坍塌;(11)冒顶片帮;(12)透水;(13)爆破(2016年之前叫放炮);(14)瓦斯爆炸;(15)火药爆炸;(16)锅炉爆炸;(17)容

器爆炸;(18)其他爆炸;(19)中毒和窒息;(20)其他伤害。

2. **按伤害程度分类**

按伤害程度可将事故划分为 3 类:

(1)轻伤。指损失 1~105 个工作日的失能伤害;

(2)重伤。指损失工作日等于和超过 105 个工作日的失能伤害。

(3)死亡。损失工作日定为 6 000 个工作日。

四、生产安全事故的有关概念

(一)生产安全事故的概念

《生产安全事故报告和调查处理条例》(国务院 493 号令)(简称《条例》)对生产安全事故的定义为:在生产经营活动中发生的造成人身伤亡或直接经济损失的生产安全事故的报告和调查处理,适用本条例;环境污染事故、核设施事故、国防科研生产事故的报告和调查处理不适用本条例。(注:并不排斥交通事故和火灾事故的调查处理,只要是生产经营单位在生产经营活动中发生的事故都属于生产安全事故。)

(二)生产安全事故的统计范围

根据中华人民共和国应急管理部制定的 2020 年新版《生产安全事故统计调查制度》的规定,生产安全事故的统计范围还包括下列各种情形:

1. 与生产经营有关的预备性或者收尾性活动中发生的事故纳入统计。

2. 生产经营活动中发生的事故,不论生产经营单位是否负有责任,均纳入统计。

3. 跨地区进行生产经营活动单位发生的事故,由事故发生地应急管理部门负责统计。

4. 两个以上单位交叉作业时发生的事故,纳入主要责任单位统计。

5. 甲单位人员参加乙单位生产经营活动发生的事故,纳入乙单位统计。

6. 乙单位租赁甲单位场地从事生产经营活动发生的事故,若乙单位为独立核算单位,纳入乙单位统计;否则纳入甲单位统计。

7. 建筑业事故的"事故发生单位"应填写施工单位名称。其中,分承包工程单位在施工过程中发生的事故,凡分承包工程单位为独立核算单位的,纳入分承包工程单位统计;非独立核算单位的,纳入总承包工程单位统计;凡未签订分包合同或分承包工程单位的建设活动与分包合同不一致的,不论是否为独立核算单位,均纳入总承包工程单位统计。

8. 由建筑施工单位(包括不具有施工资质、营业执照,但属于有组织的经营建设活动)承包的城镇、农村新建、改建、修缮及拆除房屋过程中发生的事故纳入统计。

9. 从事煤矿、金属非金属矿山以及石油天然气开采外包工程施工与技术服务活动发生的事故,纳入发包单位统计。(同第5条)

10. 因设备、产品不合格或安装不合格等因素造成使用单位发生事故,不论其责任在哪一方,均纳入使用单位统计。(同第2条)

11. 没有造成人员伤亡且直接经济损失小于100万元(不含)的事故,暂不纳入统计。

12. 生产经营单位人员参加社会抢险救灾时发生的事故,纳入事故发生单位统计。

13. 非正式雇佣人员(临时雇佣人员、劳务派遣人员、实习生、志愿者等)、其他公务人员、外来救护人员以及生产经营单位以外的居民、行人等因事故受到伤害的,纳入统计。

解放军、武警官兵、公安干警、国家综合性消防救援队伍因参加事故抢险救援时发生的人身伤亡,不计入统计报表制度规定的事故等级统计范围,仅作为事故伤亡总人数另行统计。

14. 雇佣人员在单位所属宿舍、浴室、更衣室、厕所、食堂、临时休息室等场所因非不可抗力受到伤害的事故纳入统计。

15. 各类景区、商场、宾馆、歌舞厅、网吧等人员密集场所，因自身管理不善或安全防护措施不健全造成人员伤亡（或直接经济损失）的事故纳入统计。

16. 生产经营单位存放在地面或井下用于生产经营建设所购买的炸药、雷管等爆炸物品意外爆炸造成的事故纳入统计。

17. 服刑人员在劳动生产过程中发生的事故纳入统计。

18. 国家机关、事业单位、人民团体在执行公务过程中发生的事故纳入统计。

19. 公立或私立医院、学校等机构发生的事故纳入统计。

20. 急性工业中毒按照《生产安全事故报告和调查处理条例》有关规定，作为受伤事故的一种类型进行统计，其人数统计为重伤人数。

（三）《条例》的效力范围

1. 时间效力

《条例》自 2007 年 6 月 1 日起施行，也就是说 2007 年 6 月 1 日以后发生的各类生产安全事故，都适用于本条例的规定。

2. 空间效力

《条例》是指在中华人民共和国领域内（包括领海、领空和领土）从事生产经营活动中发生的事故。从所有制结构上来分，个体经营的企业、集体经营的企业、外资企业、合资企业等在中华人民共和国领域内从事生产经营活动的，都适用本条例。

（四）生产安全事故的认定要素

1. 主体：生产经营单位

法律所谓的"生产经营单位"是指所有从事生产经营活动的基本生产经营单元，具体包括各种所有制和组织形式的公司、企业、社会组织和个体工商户,以及从事生产经营活动的公民个人。

范围:包括一切从事生产经营活动的国有企业事业单位、集体所有制的企业事业单位、股份制企业、中外合资经营企业、中外合作经营企业、外资企业、合伙企业、个人独资企业等,不论其经济性质如何、规模大小,只要是从事生产经营活动的。

2. 载体:生产经营活动

生产经营活动既包括资源的开采活动、各种产品的加工和制作活动,也包括各类工程建设和商业、娱乐业及其他服务业的经营活动。

3. 后果

造成人员伤亡或财产损失且达到一定数额。

4. 起因

由人的不安全行为、物的不安全状态和管理上的缺陷等过错行为引起的(区别于自然灾害和由于人的认知水平有限导致的技术性事故)。

(五)非法生产经营造成事故的认定

(1)无证照或者证照不全的生产经营单位擅自从事生产经营活动,发生的事故。

(2)个人私自从事生产经营活动(包括小作坊、小窝点、小坑口等),发生的事故。

(3)个人非法进入已经关闭、废弃的矿井进行采挖或者盗窃设备设施过程中发生的事故。

(六)自然灾害引发事故的认定

(1)由不能预见或者不能抗拒的自然灾害(包括洪水、泥石流、雷电、地震、台风、海啸、龙卷风等)直接造成的事故不属于生产安全事故。

(2)在能够预见或者能够预防可能发生的自然灾害的情况下,因生产经营单位防范措施不落实、应急救援预案或者防范救援措施不力，由自然灾害引发的事故属于生产安全事故。

（七）公安机关立案侦查事故的认定

事故发生后，公安机关依照《中华人民共和国刑法》和《中华人民共和国刑事诉讼法》的规定，对事故发生单位及其相关人员立案侦查的，其中：

在结案后认定事故性质属于刑事案件或者治安管理案件的，应由公安机关出具证明，按照公共安全事件处理。

在结案后认定不属于刑事案件或者治安管理案件的，包括因事故，相关单位、人员涉嫌构成犯罪或者治安管理违法行为，给予立案侦查或者给予治安管理处罚的，均属于生产安全事故。

（八）事故认定程序

1. 一般、较大、重大生产安全事故原则上由地方各级人民政府确定。

2. 特别重大生产安全事故原则上由应急管理部初步确认，报国务院确认。

3. 已由公安机关立案侦查的事故，侦查结案后认定属于刑事案件或者治安管理案件的，凭公安机关出具的结案证明，按公共安全事件处理。

（九）生产安全事故等级

（1）特别重大事故。是指造成30人以上死亡，或者100人以上重伤（包括急性工业中毒，下同），或者1亿元以上直接经济损失的事故。

（2）重大事故。是指造成10人以上30人以下死亡，或者50人以上100人以下重伤，或者5 000万元以上1亿元以下直接经济损失的事故。

（3）较大事故。是指造成3人以上10人以下死亡，或者10人以上 50 人以下重伤,或者 1 000 万元以上 5 000 万元以下直接经济损失的事故。

(4)一般事故。是指造成 3 人以下死亡,或者 10 人以下重伤,或者 1 000 万元以下直接经济损失的事故。

上述数字,"以上"包括本数字,"以下"不包括本数字。

(十)经济损失概念

(1)直接经济损失:因事故造成人身伤亡及善后处理支出的费用和毁坏财产的价值。其统计范围如下:

①人身伤亡所支出的费用:医疗费用(含护理费)、丧葬及抚恤费用、补助及救济费用和停工工资等。

②善后处理费用:处理事故的事务性费用、现场抢救费用、清理现场费用、事故罚款和赔偿费用。

③财产损失费用:固定资产损失和流动资产损失。

(2)间接经济损失(可得利益的丧失):是指由直接经济损失引起和牵连的其他损失,包括失去的在正常情况下可以获得的利益和为恢复正常的管理活动或者挽回所造成的损失所支付的各种开支、费用等。

第二章　事故报告

一、接报事故

应详细记录事故单位、事故类别、伤亡情况、事故时间、事故地点、事故发生简单情况等事故基本情况。

(一)事故发生单位上报的程序

事故发生后,事故现场有关人员应当立即向本单位负责人报告;单位负责人接到报告后,应当于1小时内向事故发生地县级以上人民政府应急管理部门和负有安全生产监督管理职责的有关部门报告。

情况紧急时,事故现场有关人员可以直接向事故发生地县级以上人民政府应急管理部门和负有安全生产监督管理职责的有关部门报告。

(二)政府部门逐级上报的程序

应急管理部门和负有安全生产监督管理职责的有关部门接到事故报告后,应当依照下列规定上报事故情况,并通知公安机关、人力资源社会保障行政部门、工会和人民检察院。

(1)特别重大事故、重大事故逐级上报至国务院应急管理部门和负有安全生产监督管理职责的有关部门。

(2)较大事故逐级上报至省、自治区、直辖市人民政府应急管理部门和负有安全生产监督管理职责的有关部门。

(3)一般事故上报至设区的市级人民政府应急管理部门和负有安全生产监督管理职责的有关部门。

应急管理部门和负有安全生产监督管理职责的有关部门依照前款规定上报事故情况,应当同时报告本级人民政府。

国务院应急管理部门和负有安全生产监督管理职责的有关部门以及省级人民政府接到发生特别重大事故、重大事故的报告后,应当立即报告国务院。

必要时,应急管理部门和负有安全生产监督管理职责的有关部门可以越级上报事故情况。

政府部门报告的时限。应急管理部门和负有安全生产监督管理职责的有关部门逐级上报事故情况,每级上报的时间不得超过 2 小时。

(三) 报告事故的内容

(1)事故发生单位概况。

(2)事故发生的时间、地点以及事故现场情况。

(3)事故的简要经过。

(4)事故已经造成或者可能造成的伤亡人数(包括下落不明的人数)和初步估计的直接经济损失。

(5)已经采取的措施。

(6)其他应当报告的情况。

(四) 使用电话快报的内容

(1)事故发生单位的名称、地址、性质。

(2)事故发生的时间、地点。

(3)事故已经造成或者可能造成的伤亡人数(包括下落不明、涉险的人数)。

(五) 事故报告补报的规定

(1)事故报告后出现新情况的,应当及时补报。

(2)自事故发生之日起 30 日内,事故造成的伤亡人数发生变化的,应当及时补报。道路交通事故、火灾事故自发生之日起 7 日内,事故造成的伤亡人数发生变化的,应当及时补报。

二、举报事故的查处

（一）应急管理部门、煤矿安全监察机构接到任何单位或者个人的事故信息举报后，应当立即与事故单位或者下一级应急管理部门、煤矿安全监察机构联系，并进行调查核实。

（二）下一级应急管理部门、煤矿安全监察机构接到上级应急管理部门、煤矿安全监察机构的事故信息举报核查通知后，应当立即组织查证核实，并在 2 个月内向上一级应急管理部门、煤矿安全监察机构报告核实结果。

（三）对发生较大涉险事故的，应急管理部门、煤矿安全监察机构依照规定向上一级应急管理部门、煤矿安全监察机构报告核实结果。对发生生产安全事故的，应急管理部门、煤矿安全监察机构应当在 5 日内对事故情况进行初步查证，并将事故初步查证的简要情况报告上一级应急管理部门、煤矿安全监察机构，详细核查结果在 2 个月内报告。

第三章 事故调查

事故调查处理的目的是:查清事故原因,查明事故性质和责任,使责任者受到追究,总结事故教训,落实整改和防范措施,防止类似事故再次发生。

一、事故调查的基本要求

(一)事故调查处理原则

(1)事故调查处理应当按照科学严谨、依法依规、实事求是、注重实效的原则,及时、准确地查清事故原因、查明事故性质和责任,总结事故教训,提出整改措施,并对事故责任者提出处理意见。事故发生单位应当及时、全面地落实整改措施,负有安全生产监督管理职责的部门应当加强监督检查。(根据《中华人民共和国安全生产法》第八十三条规定)

(2)事故调查处理应当坚持事故原因未查清不放过、责任人员未处理不放过、整改措施未落实不放过、有关人员未受到教育不放过的"四不放过"原则,不仅要追究事故直接责任人的责任,而且要追究有关负责人的领导责任。(根据2004年《国务院关于进一步加强安全生产工作的决定》)

(3)坚持问责与整改并重。完善事故调查处理机制,坚持问责与整改并重,充分发挥事故查处对加强和改进安全生产工作的促进作用。(根据2016年《中共中央 国务院关于推进安全生产领域改革发展的意见》)

(二)事故调查的分级和督办

1.分级负责

根据事故造成的人员伤亡或者直接经济损失,事故一般分为特别重大事故、重大事故、较大事故和一般事故四个等级。

特别重大事故由国务院或者国务院授权有关部门组织事故调查组进行调查。重大事故、较大事故、一般事故分别由事故发生地省级人民政府、设区的市级人民政府、县级人民政府负责调查。省级人民政府、设区的市级人民政府、县级人民政府可以直接组织事故调查组进行调查,也可以授权或者委托有关部门组织事故调查组进行调查。未造成人员伤亡的一般事故,县级人民政府也可以委托事故发生单位组织事故调查组进行调查。(根据国务院令第 493 号)

2. 属地调查

特别重大事故以下等级事故,事故发生地与事故发生单位不在同一个县级以上行政区域的,由事故发生地人民政府负责调查,事故发生单位所在地人民政府应当派人参加。(根据国务院令第 493 号)

3. 提级调查

上级人民政府认为必要时,可以调查由下级人民政府负责调查的事故。自事故发生之日起 30 日内(道路交通事故、火灾事故自发生之日起 7 日内),因事故伤亡人数变化导致事故等级发生变化,应当由上一级人民政府负责调查的,上一级人民政府可以另行组织事故调查组进行调查。(根据国务院令第 493 号)

4. 挂牌督办

《国务院关于进一步加强企业安全生产工作的通知》(国发〔2010〕23 号)要求建立事故查处挂牌督办制度,依法严格事故查处,对事故查处实行地方各级安全生产委员会层层挂牌督办,重大事故查处实行国务院安全生产委员会挂牌督办。事故查处结案后,要及时予以公告,接受社会监督。

《国务院安委会关于印发〈重大事故查处挂牌督办办法〉的通知》(安委〔2010〕6 号)提出,国务院安委会对重大生产安全事故调查处理实行挂牌督办,国务院安委会办公室具体承担挂牌督办事项。省级人民政府应当自接到挂牌督办通知之日起 60 日内完成督办事项。各省级人民政府负责落实挂牌督办事项,省级人民政府安委会办公室具体承担本行政区域内重大事故挂牌督办事项的综合工作。重大事故调查报告形成初稿后,省级人民政府安全生产委员会应当及时向国务院安委会办公室做出书面报告,经审核同意后,由省级人民政府批复。

《国务院办公厅关于加强安全生产监管执法的通知》(国办发〔2015〕20 号)要求,依法落实安全生产责任,进一步严格事故调查处理。各类生产安全事故发生后,各级人民政府必须按照事故等级和管辖权限,依法开展事故调查。完善事故查处挂牌督办制度,按规定由省级、市级和县级人民政府分别负责查处的重大事故、较大事故和一般事故,分别由上一级人民政府安全生产委员会负责挂牌督办、审核把关。对性质严重、影响恶劣的重大事故,经国务院批准后,成立国务院事故调查组或由国务院授权有关部门组织事故调查组进行调查。对典型的较大事故,可由国务院安全生产委员会直接督办。

(三)事故调查组

1. 事故调查组组成

2018 年国务院机构改革后,监察机关不再作为成员单位参加政府组织的事故调查组,而是应事故调查组邀请,依法开展有关追责问责审查调查工作。相应的,根据事故的具体情况,事故调查组调整为由有关人民政府、应急管理部门、负有安全生产监督管理职责的有关部门、公安机关以及工会派人组成。事故调查组可以聘请有关专家参与调查。

纪检监察机关依法负责有关追责问责工作。

2. 事故调查组组长

事故调查组组长由负责调查的人民政府指定。事故调查组组长主持事故调查组的工作。(根据国务院令 493 号第 24 条)

3. 事故调查组成员

事故调查组成员应当具备事故调查所需要的知识和专长,并与所调查的事故没有直接利害关系。在事故调查工作中应当诚信公正、恪尽职守,遵守事故调查组的纪律,保守事故调查的秘密。未经事故调查组组长许可,事故调查组成员不得擅自发布有关事故的信息。(根据国务院令 493 号第 23 条、第 28 条)

4. 调查处理时限要求

事故调查组应当自事故发生之日起 60 日内提交事故调查报告。特殊情况下,经负责事故调查的人民政府批准,提交事故调查报告的期限可以适当延长,但延长的期限最长不超过 60 日。事故调查中需要进行技术鉴定的,技术鉴定所需时间不计入事故调查期限。

重大事故、较大事故、一般事故,负责事故调查的人民政府应当自收到事故调查报告之日起 15 日内做出批复;特别重大事故,负责事故调查的人民政府应当自收到事故调查报告之日起 30 日内做出批复。特殊情况下,批复时间可以适当延长,但延长的时间最长不超过 30 日。(根据国务院令 493 号第 29 条)

(四)事故责任追究制度

《中华人民共和国安全生产法》规定,国家实行生产安全事故责任追究制度,依照有关法律、法规的规定,追究生产安全事故责任人员的法律责任。生产经营单位发生生产安全事故,经调查确定为责任事故的,除应当查明事故单位的责任并依法予以追究外,还应当查明对安全生产的有关事项负有审查批准和监督职责的行政部门的责任,对有失职、渎职行为的,依照有关法律的规定追究法律责任。

《中共中央 国务院关于推进安全生产领域改革发展的意见》(中发〔2016〕32 号)提出,严格责任追究制度,实行党政领导干部任期安全生产责任制,日常工作依责尽职、发生事故依责追究。依法依规制定各有关部门安全生产权力和责任清单,尽职照单免责、失职照单问责。建立企业生产经营全过程安全责任追溯制度。严肃查处安全生产领域项目审批、行政许可、监管执法中的失职渎职和权钱交易等腐败行为。严格事故直报制度，对瞒报、谎报、漏报、迟报事故的单位和个人依法依规追责。对被追究刑事责任的生产经营者依法实施相应的职业禁入，对事故发生负有重大责任的社会服务机构和人员依法严肃追究法律责任，并依法实施相应的行业禁入。

《地方党政领导干部安全生产责任制规定》提出，履职不到位、阻挠干涉监管执法或事故调查处理等五种情形将受到问责，涉嫌职务违法犯罪的，由监察机关依法调查处置。严格落实安全生产"一票否决"制，对因发生生产安全事故被追究领导责任的地方党政领导干部，在相关时限内，取消考核评优和评选先进资格，不得晋升职务、级别或者重用任职。对工作不力导致生产安全事故造成人员伤亡和经济损失扩大，或者造成严重社会影响负有主要领导责任的地方党政领导干部，应当从重追究责任。地方党政领导干部对发生生产安全事故负有领导责任且失职失责性质恶劣、后果严重的，不论是否已调离转岗、提拔或者退休，都应当严格追究责任。规定还制定了从轻追责、免责和表彰奖励的条件。对主动采取补救措施，减少生产安全事故损失或挽回社会不良影响的地方党政领导干部，可以从轻、减轻追究责任。对职责范围内发生生产安全事故，经查实已经全面履行有关职责，并全面落实了党委和政府有关工作部署的，不予追究地方有关党政领导干部的领导责任。

《中国共产党问责条例》第六条规定党组织和党的领导干部违反党章和其他党内法规，不履行或者不正确履行职责，履行管理、监督职责不力，职责范围内发生重特大生产安全事故、群体性事件、公共安全事件，或者发生其他严重事故、事件，造成重大损失或者恶劣影响的情形，应当予以问责。

《公职人员政务处分法》专门对有关公职人员的事故责任追究做

了规定。

(五)舆情应对

《国务院办公厅关于在政务公开工作中进一步做好政务舆情回应的通知》(国办发〔2016〕61号)要求,对涉及特别重大、重大突发事件的政务舆情,要快速反应、及时发声,最迟应在24小时内举行新闻发布会,对其他政务舆情应在48小时内予以回应,并根据工作进展情况,持续发布权威信息。对监测发现的政务舆情,各地区各部门要加强研判,区别不同情况,进行分类处理,并通过发布权威信息、召开新闻发布会或吹风会、接受媒体采访等方式进行回应。通过召开新闻发布会或吹风会进行回应的,相关部门负责人或新闻发言人应当出席。

事故发生后,要做好事故有关的信息发布和舆论工作。要坚持快报事实、慎报原因的原则和及时、准确、公开、透明的原则,主动发布事故及其处置准确权威信息,积极回应群众关切。在调查过程中,事故调查组要关注有关舆情热点,注意监测跟踪舆情动态。必要时,可以针对社会关注的事故有关的重点、热点开展核查。经事故调查组组长同意,可以就事故调查的阶段性进展情况向社会公布。事故调查牵头部门主动积极配合宣教部门,严格履行有关程序,统一宣传口径,及时发布有关信息,主动解疑释惑,有效回应社会关切,要加强与有关媒体和网站的沟通,扩大回应信息的传播范围,满足社会公众的知情权、表达权、参与权和监督权,为事故调查工作创造良好的工作氛围和外部环境。

二、事故调查组的职责和主要任务

(一)事故调查组的职责

1.人民政府事故调查组职责(改革后)

(1)查明事故发生的经过、原因、人员伤亡情况及直接经济损失。

事故发生的经过:事故发生前,事故发生单位生产作业状况;事故发生的具体时间、地点;事故现场状况及保护情况;事故发生后采取的应急处置措施情况;事故报告经过;事故抢救及事故救援情况;事故的善后处理情况;其他与事故发生经过有关的情况。

事故发生的原因:直接原因、间接原因。

人员伤亡情况:事故发生前,事故发生单位生产作业人员分布情况;事故发生时人员涉险情况;事故当场人员伤亡情况及人员失踪情况;事故抢救过程中人员伤亡情况;最终伤亡情况;其他与事故发生有关的人员伤亡情况。

事故直接经济损失:人员伤亡后所支出的费用,如医疗费用、丧葬及抚恤费用、补助及救济费用、歇工工资等;事故善后处理费用,如处理事故的事务性费用、现场抢救费用、现场清理费用、事故罚款和赔偿费用等;事故造成的财产损失费用,如固定资产损失价值、流动资产损失价值等。(依据《企业职工伤亡事故经济损失统计标准》(GB 6721—1986))

(2)认定事故的性质和事故责任。

通过事故调查分析,对事故的性质要有明确结论。对认定为自然事故(非责任事故或者不可抗拒的事故)的,可不再认定或者追究事故责任人;对认定为责任事故的,要按照责任大小和承担责任的不同,分别认定直接责任者、主要责任者和领导责任者。

(3)提出对事故责任者的处理建议。

事故调查组根据事故性质、事故责任以及有关法律法规规定等,对相关责任单位和非公职人员提出处理建议,主要包括下列内容:对责任者的行政处罚建议;对责任者中的非公职人员追究刑事责任的建议等,不再对事故责任者中的公职人员提出处理建议。按照《中华人民共和国监察法》规定,监察机关统一负责调查生产安全事故中的职务违法和职务犯罪行为,对违纪违法公职人员依法做出政务处分决定,对履行职责不力、失职失责的领导人员进行问责。对涉嫌职务犯罪的,将调查结果移送人民检察院依法审查、提起公诉。

(4)总结事故教训,提出防范和整改措施。

通过事故调查分析,在认定事故的性质和事故责任者的基础上,认真总结事故教训,主要是在安全生产管理、安全生产投入、安全生产条件等方面存在哪些薄弱环节、漏洞和隐患,认真对照问题查找根源。比如,事故发生单位应该吸取的教训,事故发生单位主要负责人应该吸取的教训,事故发生单位有关主管人员和有关职能部门应该吸取的教训,从业人员应该吸取的教训,相关生产经营单位应该吸取的教训,政府及其有关部门应该吸取的教训,社会公众应该吸取的教训等。

防范和整改措施是在事故调查分析的基础上,针对事故发生单位在安全生产方面的薄弱环节、漏洞、隐患等提出的,要具备针对性、可操作性、普遍适用性、时效性。

(5)提交事故调查报告。

事故调查报告是在事故调查组全面履行职责的前提下由事故调查组做出的。这是事故调查最核心的任务,是其工作成果的集中体现。事故调查报告在事故调查组组长的主持下完成,并在规定的提交事故调查报告的时限内提出。

2. 中央纪委国家监委追责问责审查调查组职责(改革后)

(1)在政府调查组调查的基础上,启动问责调查。

(2)进一步核查并认定地方党委和政府、各级职能部门、相关单位以及事故涉及的党员和公职人员的责任。

(3)提出处理、处置、问责意见。

(4)依规依纪依法对参与事故调查的有关单位及公职人员进行监督。

(二)改革实践案例

下面以 2019 年江苏响水某化工有限公司"3·21"特别重大其他

爆炸事故为例具体介绍。

（1）国务院事故调查组成立之初，即邀请中央纪委国家监委派人列席有关会议。但是国家监委不再介入国务院事故调查组的前期工作，安排专人做工作对接，了解国务院事故调查组的调查进展等情况。

（2）技术报告、管理报告初稿形成后，听取汇报，并就疑点等提出意见和建议，督促全面查清事实，查明导致事故发生的直接原因、事故企业管理方面的原因、有关部门在监管方面的责任、事故相关单位（包括技术安全服务机构）存在的问题。

（3）国务院事故调查组技术报告、管理报告内容定稿后，国务院事故调查组向中央纪委国家监委移交技术报告、管理报告，行文请中央纪委国家监委开展对有关公职人员立案调查。监委依纪依法独立启动事故责任审查调查工作，做出相关人员处理意见。

（4）各自公布有关调查结果。"3·21"事故调查报告中，不含非公职人员的涉嫌刑事犯罪人员名单，不含公职人员的具体错误事实和责任追究情况。调查组协调国家监委，统一时间，分别公布事故调查报告和公职人员问责处理意见。

三、事故调查主要流程

（一）初查

接到事故报告后，事故发生地有关地方人民政府、应急管理部门、有关机构和负有安全生产监督管理职责的有关部门负责人经现场初步判断性质和人数，组织相应事故等级的调查组。

政府直接组织事故调查组进行调查的，应印发成立事故调查组的通知，确定调查组成立。

人民政府授权或委托有关部门进行调查的，一般由牵头部门以请示形式向政府提出拟成立事故调查组书面请示，后附建议名单（事故调查组组长一般由应急管理部门负责人担任），政府批复后事故调查组成立,牵头部门函告事故调查组其他成员单位。

(注意:政府要以正式文件的方式批准同意成立事故调查组,不能在应急管理部门上报的文件上画圈了事,而且要以政府文件或者办公厅文件批复,不应该以安委会的文件批复。)

调查组成立后要函请纪委监委成立追责问责审查调查组。

(需要说明的是,《煤矿生产安全事故报告和调查处理规定》明确特别重大事故以下等级的煤矿事故按照事故等级划分,分别由相应的煤矿安全监察机构负责组织调查处理。现行的《火灾事故调查规定》则规定了火灾事故调查由有关消防机构实施。)

(二)召开调查组成立大会(全体会)

(1)传达领导同志有关批示要求;宣布政府批准成立事故调查组的决定,宣读调查组成员名单。

(2)听取事故发生单位对事故相关情况的汇报;听取抢险救援等工作情况的汇报;对有关涉嫌责任人员进行控制及调查掌握的初步情况。

(3)确定事故调查方向和调查组的分工、工作任务。

(4)宣布事故调查组纪律。

调查组全体成员参会,可邀请纪委监委参加会议。

(三)制定调查工作方案

事故调查组成立后,组织开展事故调查。事故调查组应当制订事故调查方案,经事故调查组组长批准后执行。

事故调查方案应当包括调查工作的原则、目标、任务和事故调查组专门小组的分工,应当查明的问题和线索,调查步骤、方法,完成相关调查的期限、措施、要求等内容。

(根据原国家安全监管总局《关于生产安全事故调查处理中有关问题的规定》第九条)

(四)调查组内部分工

根据事故的具体情况,事故调查组可以内设技术组、管理组、综合组,分别承担技术原因调查、管理原因调查、综合协调等工作。各工作组按照事故调查组全体会议精神要求,制订具体的调查工作方案,报事故调查组组长审定。

根据调查工作,需要成立专家组的,一般设在技术组内;需要成立应急处置评估组的,可设在技术组或综合组。

一般情况下,应急部门牵头综合组、管理组相关工作,涉事企业行业领域主管部门负责牵头技术组相关工作,公安、工会及其他负有监管职责的部门进入管理组开展相关工作。

1. 技术组

查明事故发生的时间、地点、经过,事故死伤人数及死伤原因;负责事故现场勘察,收集事故现场相关证据,指导相关技术鉴定和检验检测工作,对事故发生机理进行分析、论证、验证和认定,查明事故直接原因和技术方面的间接原因,认定事故直接经济损失;提出对事故性质认定的初步意见和事故预防的技术性针对性措施。提交技术组调查报告。

2. 管理组

查明事故发生企业及相关单位的基本情况,相关管理部门职责及其工作人员、岗位人员履行职责情况;查明事故涉及的地方政府安全责任落实情况和监管部门监管执法职责落实情况;查明相关单位和人员负有事故责任的事实;针对事故暴露出的管理方面的问题,提出整改建议和防范措施。提交管理组调查报告。

3. 综合组

建立工作制度,了解、掌握各组调查进展情况,督促各组按照事故调查组总体要求,协调和推动工作有序开展;协调有关方面开展事故有关舆情监测;联络、协调当地政府(公安机关)、纪检监察机关追责问责审查调查组的工作衔接;统一报送和处置事故调查的相关信息;负责证据材料的统一调取、接收、审查审理和保存保管。对应急救援工作进行评估,编制事故调查报告。

(五) 调查取证

根据调查工作需要,调查取证一般采取现场勘查和物证收集、现场试验、检验鉴定、相关文件和资料收集、人员询问等方式。

事故发生后,有关单位和人员应当妥善保护事故现场以及相关证据,任何单位和个人不得破坏事故现场、毁灭相关证据。因抢救人员、防止事故扩大以及疏通交通等原因,需要移动事故现场物件的,应当做出标志,绘制现场简图并做出书面记录,妥善保存现场重要痕迹、物证。有条件的,应当现场制作视听资料。任何单位和个人,不得擅自移动事故相关设备,不得伪造或者故意破坏事故现场、毁灭证据等。

1. 现场勘查和物证收集

勘查事故现场,可以采取照相、录像、录音、绘制现场图、采集电子数据、制作现场勘查笔录等方法记录现场情况,提取与事故有关的痕迹、物品等证据材料。有条件的,应当现场制作视听资料。现场图应当由制图人、审核人签字。现场勘查笔录应当由调查人员、勘查现场有关人员签名或捺指印。提取的痕迹、物品,应当妥善保管。对有尸体的事故现场进行勘验的,事故调查人员应当对尸体表面进行观察并记录,对尸体在事故现场的位置进行调查。

2. 现场试验

根据调查需要,经事故调查组组长批准,可以进行现场试验。现场试验应当照相或者录像,制作现场试验报告,并由试验人员签字。

3. 检验鉴定

事故调查需要进行技术鉴定的,事故调查组应当委托具有国家规定资质的单位进行技术鉴定,并与鉴定机构约定鉴定期限和鉴定检材的保管期限。必要时,事故调查组可以直接组织专家进行技术鉴定。技术鉴定所需时间不计入事故调查期限。对有人员死亡的事故,应当经急救、医疗人员确认,并由医疗机构出具死亡证明。需要进行尸体检验的,由公安机关刑事科学技术部门进行尸体检验,出具尸体检验鉴定文书,确定死亡原因。发生事故的生产经营单位应当如实申报事故直接经济损失,并附有效证明材料。事故调查组可以委托依法设立的价格鉴定机构对事故的直接经济损失情况进行鉴定,并出具鉴定意见。事故调查组应当根据发生事故的生产经营单位的申报、依法设立的价格鉴证机构出具的事故直接经济损失鉴定意见,以及调查核实情况,对事故直接经济损失和人员伤亡情况进行如实统计。

4. 相关文件和资料收集

事故调查组有权向有关单位和个人了解与事故有关的情况,并要求其提供相关文件、资料,有关单位和个人不得拒绝,并应当如实提供事故相关的情况或者资料。发生事故的生产经营单位及其人员应当及时收集、整理有关资料,及时保存有关电子数据,为事故调查做好准备。必要时,应当对资料进行封存,由专人看管,并在事故调查组成立后将相关材料、资料移交事故调查组。

事故调查组可以进入事故发生单位、事故涉及单位的工作场所或者其他有关场所,查阅、复制与事故有关的文件、资料,对可能被转移、隐匿、销毁的文件、资料予以封存。事故调查组应当收集与事故有关的原始资料、材料。因客观原因不能收集原始资料、材料,或者收集原始资料、材料有困难的,可以收集与原始资料、材料核对无误的复印件、复制品、抄录件、部分样品或者证明该原件、原物的照片、录像等其他证据。事故调查组应当要求事故发生单位移交事故应急处置形成的有关资料、材料。事故调查组应当依照法定程序收集与事故有关的资料、材料,并妥善保存。

5. 人员询问

事故发生单位的负责人和有关人员在事故调查期间不得擅离职

守,随时接受事故调查组的询问,如实提供有关情况,并对所提供情况的真实性负责。事故调查组应尽快找到知道事故现场情况的有关人员、应急处置人员等知情人员,走访周边群众,初步调查、询问和了解事故有关情况,避免因时间推移,知情人员对事故现场的有关记忆变模糊,以及其他人为因素影响,查明发生事故的事实真相。必要时可以要求被询问人到事故现场进行指认。

根据初步调查、询问、了解的情况和前期调查掌握的情况,确定其他被询问人员。询问人员应经事故调查组组长同意。根据询问目的和对象,宜拟定询问提纲。调查人员进行询问调查时,应当制作询问笔录,被询问人应当如实陈述事故的有关情况和提供有关证据,调查人员应当如实记录询问人的问话和被询问人的陈述。询问笔录上所列项目,应当按规定填写齐全。询问笔录制作完毕,应当由被询问人核对或者向其宣读,如记录有差错或者遗漏,应当允许被询问人更正或者补充。询问笔录经被询问人核对无误后,调查人员和被询问人签名或者捺指印,被询问人拒绝签名和捺指印的,应当在询问笔录中注明。调查人员进行询问调查时,有权禁止他人旁听。

(六)事故分析

事故致因理论有多种,我国目前的调查往往以综合模型来指导事故调查工作。综合模型认为,事故的发生不是偶然的,有其深刻的原因,包括直接原因、间接原因和其他原因。

1. 直接原因

直接原因是指直接导致事故发生和人员伤害的原因,与事故发生和人员伤害有直接因果关系,包括人的不安全行为和物的不安全状态、环境因素三个方面。

(1)人的不安全行为。一是与生产各环节有关的,来自人员自身或人为性质的心理、生理性危险和有害因素:负荷超限(体力、听力、视力、其他),健康状况异常,从事禁忌作业,心理异常,辨识功能缺陷,其他心理、生理性危险和有害因素;二是指挥错误,操作错误,监护失误;三是其他行为性危险和有害因素(包括脱岗等违反劳动纪律的行为)。

(2)物的不安全状态。一是机械、设备、设施、材料等方面存在的物理性缺陷,如:设备、设施、工具、附件有缺陷,防护缺陷,电伤害,噪声,振动危害,电离辐射,非电离辐射,运动物伤害,明火,高温物体,低温物体,信号缺陷,标志缺陷,有害光照,其他物理性缺陷。二是化学性缺陷,如:爆炸品,压缩气体和液化气体,易燃液体,易燃固体、自燃物品和遇湿易燃物品,氧化剂和有机过氧化物,有毒品,放射性物品,腐蚀品,粉尘和气溶胶,其他化学性缺陷。三是生物性缺陷,如:细菌、病毒等。

(3)环境因素。一是环境不安全条件;二是生产作业环境中的室内作业场所环境不良;三是室外作业场所环境不良;四是地下(含水下)作业场所环境不良;五是其他作业场所环境不良。

2.间接原因

间接原因是指导致事故直接原因产生的原因,以及促成事故发生的非直接方面的原因。间接原因主要包括:管理上的失误、制度缺陷和管理责任所导致的危险及有害因素;组织机构不健全;安全培训缺失;责任制未落实;规章制度不完善;安全投入不足;管理不完善;其他管理缺陷。

3.原因分析

事故调查组应当查明引发事故的直接原因和间接原因,并根据当事人行为与事故之间的因果关系和对事故发生的影响程度,认定事故发生的主要原因和次要原因。

在分析事故时,应从直接原因入手,逐步深入到间接原因,从而掌握事故的全部原因。确定是责任事故还是非责任事故。再分清主次,进行责任分析。在进行直接原因分析时,对于委托技术单位进行检验的,最好委托两个单位进行检测,这样更科学严谨。必要时可以召开专家论证会进行论证。

事故调查是一项比较复杂的综合性工作,涉及方方面面的关系,同时又具有很强的科学性和技术性,也就是专业性。之所以强调专业性,是因为事故涉及具体行业领域、具体的生产经营单位、具体的生产工艺,在事故调查的每一个方面、每一个环节,都需要专门的知识和技术,即专业性贯穿在事故调查的始终。有些事故更是可能涉及多个专业方向的系统调查。吸取某一具体事故的教训,最专业、最有效的方法是通过专业性的调查,对该事故可能存在的各种原因进行客观深入的分析,发现企业存在的专业性风险问题,涉及人的行为安全问题,才能从制度规范和程序控制、从当事人的专业安全知识和技能等方面进行改进;涉及机器和工作环境的,从物防、技防上改进。事故调查,要把事故初始情况、发展变化情况、导致的现实结果情况原原本本地描述清楚。事故原因认定,要牢固地建立在逻辑和以全面勘查等确凿可信证据以试验为基础的证据上,来还原事故的真实状况。为此,要有对事故发生机理进行详细分析、论证和验证的过程以及通过严谨的逻辑判断来认定事故发生的直接原因和间接原因。必须把事故的原因和过程找清楚,说明白,不能含含糊糊,似是而非。特别是有些事故现场复杂,有很强的隐蔽性和迷惑性,甚至现场已遭到破坏,必须全面、彻底查清事故原因,不主观臆想,不轻易下结论,防止个人意识主导,杜绝心理偏好,做到客观、公正。事故调查要高度重视事故原因调查分析,不得夸大事故事实或缩小事实,更不得弄虚作假,要把导致事故发生的各环节客观描述出来。事故成因分析,包括不能排除的因素要如实说明。只有查清了这些问题,从专业的角度制定出有针对性的安全措施,对存在的风险进行专业性管控,在同行业、同类型的企业中予以警示,防止类似事故重复发生,从根本上解决企业存在的安全生产问题。

4.责任分析

责任认定,是基于事故发生的原因和过程来追溯必然导致事故发生的行为,一定要形成严密的证据链。要严格注意有关当事人的错误事实和必然导致事故发生之间的逻辑关系,要把情况搞清楚、解释清楚,才能够采取有效措施防止同类事故再次发生。只有这样才能真正做到预防为主,更加突出实效性,坚持问责与整改并重,充分发挥事故查处对改进安全生产工作的促进作用。

事故调查组根据事故的主要原因和次要原因,判定事故性质,认定事故责任。责任划分是政策性很强的工作,一般应掌握如下原则:要划分责任事故和非责任事故,属于责任事故的,必须找出直接责任者。遇有多因一果的责任事故,直接责任者还要分清主要直接责任者和次要直接责任者;要区分具体实施人员的直接责任与领导人的直接责任,如受命领导实施的行为或提出过修正意见未被领导采纳而造成的事故由领导负直接责任,如具体实施人员提出违规做法、主张,领导轻信并同意实施,或具体实施人员明知领导实施的行为错误,但不反映,仍继续实施造成事故的实施人员和领导人都负直接责任;要分清职责范围与直接责任的关系,如果行为人不是法定职责和特定义务范围内的作为或不作为而造成事故的,不负直接责任。如果分工不清,职责不明,就以实际工作范围和群众公认的职责范围作为认定责任的依据;如果事故是由集体研究做出错误决定的行为造成的,应认定主持研究、拍板定案的主要领导负有直接责任。

根据事故调查所确认的事实,通过对直接原因和间接原因的分析,确定事故中的直接责任者和领导责任者;在直接责任者和领导责任者中,根据其在事故发生过程中的作用(多因一果)确定主要责任者和次要责任者。

实践中,对于责任单位的确定,可以编制企业生产经营脉络图(时间轴)、事故责任关系分析图等,帮助调查人员更加清晰、准确地确定责任单位和责任人员。

（1）确定责任单位。以图表形式把事故涉及的企业内部架构（决策层、经营层、管理层、执行层、操作层）找齐，把事故涉及的政府及有关部门（行业主管、负有监管职责的部门、综合监管部门、属地监管、行政管理、审批许可等各监管环节）找齐，全面梳理，再按图索骥，确定责任单位。

（2）确定责任人员。对照相关部门的工作职能和工作程序，结合具体工作岗位职责，调查核实有关人员客观履职情况、主观工作状态，综合考量行为人履职尽责的程度，履职行为与事故发生的因果关联程度，最后锁定应当承担相应责任的人员。

5. 事故和事故后果的关系

事故的发生，产生了某种事故后果。但是在日常生产生活中，人们往往把事故和事故后果看作一件事。之所以产生这种认识，是因为事故后果特别是引起严重伤害或者损失的事故后果，给人的印象非常深刻；相反地，当事故带来的后果非常轻微，没有引起人们注意的时候，人们也就忽略了事故。因此，应当从预防事故发生和控制事故的严重后果（控制或者限制危害扩大）两个方面来预防事故。

6. 事故图绘制

根据事故类别和规模以及调查工作的需要，应绘出事故调查分析所必须了解的信息示意图。如建筑物平面图、剖面图，事故现场涉及范围图，设备或工器具构造简图、流程图，受害者位置图，事故时人员位置及疏散（活动）图，破坏物立面图或展开图等。

（七）撰写并提交报告

按照事故调查报告的总体框架要求（包括对应急救援工作做出评估结论），对技术调查报告、管理调查报告内容进行梳理提炼，形成事故调查报告。

1. 事故调查报告的主要内容

事故调查组应当根据现场调查、原因分析、性质判断和责任认定等情况,撰写事故调查报告。事故调查报告的内容应当符合《生产安全事故报告和调查处理条例》(国务院令第493号)及其他相关事故调查的规定。事故调查报告应重点查明发生事故的生产经营单位执行国家有关安全生产规定,加强安全生产管理,建立健全安全生产责任制度,完善安全生产条件等情况。必要时,还要详细载明责任人员和责任单位违反的法律法规、标准规范等的名称以及条款具体内容。按照2019年2月发布的《生产安全事故应急条例》(国务院令第708号)有关规定,事故调查组应当对应急救援工作进行评估,并在事故调查报告中做出评估结论。

2. 规范事故责任表述

根据原监察部办公厅《印发〈关于贯彻依法治国要求改进和规范事故责任表述的意见〉的通知》精神,撰写调查报告时,应参考借鉴现有法律法规中的规范用语,分类进行责任表述,一般不使用"不到位""不严""不深入""不彻底"等词语。

(1)直接责任者、主要领导责任者、重要领导责任者表述各有不同。

(2)在部门和单位责任问题部分,明确列出与事故有关的法定职责,使相关事实、责任划分、追责建议之间的关联度更加直观明晰。

(3)详细注明适用的法律法规名称及具体条款内容,以便更好地体现依法调查、依法处理的法治精神。

3. 在查明白的基础上写明白,还要让别人看明白

(1)逻辑清晰。表达准确,讲究文理,语言规范。调查报告要能够清晰地阐明调查所认定的事实及其根据和理由,能够反映推理过程,充分展现调查的客观性、准确性,层次分明。特别是有关当事人的错误事实和必然导致事故发生之间的因果关系,切实做到责任事实清楚、证据确凿充分、适用法规准确。

(2)繁简适度。简单的情节略写,复杂的情节精写;疑难、焦点问

题,有的放矢写。很复杂的,可以采用列明调查要点的方式;为便于描述,可以采用附表、附图的方式。

(3)内容全面。不要漏项,特别是事故防范和整改措施,要认真对照调查暴露出的问题查找根源。整改对象要明确,整改要求要具体,有针对性。比如,整改对象要全面,包括:事故发生单位、事故发生单位主要负责人、事故发生单位有关主管人员和部门、从业人员、相关单位、政府及其有关部门、社会公众等。

(八) 审议调查报告

事故调查报告经组长审定后,组织召开事故调查组全体会议进行审议。报告审议通过后,事故调查组全体成员应当在事故调查报告上签名。

事故调查组成员对事故调查报告的内容有不同意见的,应当在事故调查报告中注明,也可以提交个人签名的书面材料,附在事故调查报告内。

事故调查报告报送负责事故调查的人民政府后,事故调查工作即告结束。事故调查的有关资料应当归档保存。

第四章　事故处理

一、责任追究

2018 年机构改革后,事故调查组只是对事故发生单位和有关中介服务机构及相关人员提出处理意见;公职人员的处理意见,由纪委监委追责问责审查调查组提出并按照其相关程序报批。

政府批复事故调查报告后,牵头组织调查部门(应急部门)要协调纪委监委统一时间,分别公布调查报告和追责问责审查报告。

二、事故调查报告的批复

重大事故、较大事故、一般事故,负责事故调查的人民政府应当自收到事故调查报告之日起 15 日内做出批复;特别重大事故,负责事故调查的人民政府应当自收到事故调查报告之日起 30 日内做出批复。特殊情况下,批复时间可以适当延长,但延长的时间最长不超过 30 日。

(1)地方人民政府组织调查的,事故调查报告由事故调查组报地方人民政府,由地方人民政府做出决定。

(2)地方人民政府委托授权有关主管部门牵头组织调查的,事故调查报告由牵头组织调查的部门以正式公文形式呈报地方人民政府,由地方人民政府批复决定。

(3)特别重大事故等级以下的事故,有关法律、行政法规另有规定的,依照其相关规定做出决定。

三、落实整改措施

(一)行政处罚

地方人民政府对事故调查报告做出批复之后,一般由同级安全生产委员会办公室负责,按照人民政府的批复,依照法律、行政法规规定的权限和程序,督促有关单位落实地方人民政府批复意见,包括:

(1)对事故发生单位和有关人员进行行政处罚,由应急管理部门和负有安全生产监督管理职责的部门按照职责分工决定并负责落实。

行政机关向行政违反单位或者个人下达《行政处罚告知书》,告知其3日内可申请听证。如果听证,则必须书面申请。

《行政处罚决定书》15日内必须履行。过期按处罚金额,每日按3%加处罚金,并可申请法院强制执行。接到处罚决定60日内,可向做出行政处罚的行政机关所属人民政府或上一级行政机关申请行政复议,3个月内可向行政机关所在地人民法院提起行政诉讼。

行政机关救济程序:申请法院强制执行,强制执行期限为行政相对人诉讼时效届满(3个月)后、180日内。

(2)事故发生单位应当认真吸取事故教训,落实防范和整改措施,防止事故再次发生。事故发生单位负责对本单位负有事故责任的人员进行处理。防范和整改措施的落实情况应当接受工会和职工的监督。

(3)应急管理部门和负有安全生产监督管理职责的有关部门应当对事故发生单位落实防范和整改措施的情况进行监督检查。

(二)行刑衔接

事故发生后,事故发生地有管辖权的公安机关根据事故的情况,对涉嫌安全生产犯罪的,应当依法立案侦查,采取强制措施和侦查措施。事故调查中发现涉嫌安全生产犯罪的,事故调查组或者负责火灾调查的消防机构应当及时将有关材料或者其复印件移交有管辖权的公安机关依法处理。事故调查过程中,事故调查组或者负责火灾调查的消防机构可以召开专题会议,向有管辖权的公安机关通报事故调查进展情况。有管辖权的公安机关对涉嫌安全生产犯罪案件立案侦查的,应当在3日内将立案决定书抄送人民检察院和组织事故调查的应急管理部门。组织事故调查的应急管理部门及同级公安机关、人民检察院对涉嫌安全生产犯罪案件的事实、性质认定、证据采信、法律适用以及责任追究有意见分歧的,应当加强协调沟通。必要时,可以就法律适用等方面的问题听取人民法院的意见。对发生1人以上死亡的情形,经依法组织调查,做出不属于生产安全事故或者生产安全责任事故的书面调查结论的,应急管理部门应当将该调查结论及时抄送同级监察机关、公安机关、人民检察院。

对涉嫌重大责任事故罪、重大劳动安全事故罪、瞒报事故罪、危险化学品肇事罪等安全生产犯罪的,应当及时移交司法机关依法立案侦查,采取强制措施和侦查措施。犯罪嫌疑人逃匿的,公安机关应当迅速追捕归案。

(三)民事责任

侵权及经济损失赔偿。依据《中华人民共和国安全生产法》第五十三条的规定,因生产安全事故受到损害的从业人员,除依法享有工伤保险外,依照有关民事法律尚有获得赔偿权利的,有权向本单位提出赔偿要求。因此,事故中涉及的侵权及经济损失赔偿问题,由当地人民法院依法追究有关单位和个人的经济损失赔偿责任。

(四)资料归档

事故查处工作全部结束后,按一卷一档的原则,将调查报告、技术鉴定报告、证据材料等相关材料整理归档。

归档材料还应包括事故调查常用法律文书,如:对事故现场采取的强制措施(责令整改指令书、强制措施决定书)、勘验笔录、检查记录、询问笔录等。

（五）完善法规

对事故调查中发现相关法律、法规、规章和相关安全生产方面的国家标准、行业标准、技术规范有漏洞和缺陷的，要在事故结案后及时启动修订工作。（根据2016年《中共中央　国务院关于推进安全生产领域改革发展的意见》）

（六）政务公开

事故调查报告批复后，负责事故调查的人民政府或者其授权的有关部门、机构应当及时向社会全文公布事故调查报告（依法应当保密的除外）。

（七）舆论引导

要做好事故调查报告舆情监测、研判和舆论引导工作。必要时，以新闻通稿、书面答记者问、视频采访录等形式，加强解读，通过媒体对事故调查有关问题做出回应，起到事故警示教育作用。

（八）事故暴露问题整改督办

按照《中共中央　国务院关于推进安全生产领域改革发展的意见》要求，事故结案后一年内，负责事故调查的地方政府和国务院有关部门要组织开展评估，及时向社会公开。对履职不力、整改措施不落实的，依法依规严肃追究有关单位和人员的责任。

附件：事故调查处理相关政策法规名称

（1）《中华人民共和国安全生产法》。

（2）《生产安全事故报告和调查处理条例》（国务院令第493号）。

（3）《国务院关于特大安全事故行政责任追究的规定》（国务院令第302号）。

（4）《企业职工伤亡事故分类》（GB 6441—1986）。

（5）《企业职工伤亡事故经济损失统计标准》（GB 6721—1986）。

（6）《国务院安委会关于印发〈重大事故查处挂牌督办办法〉的通知》（安委〔2010〕6 号）。

（7）《国务院安委会办公室关于印发〈非法违法较大生产安全事故查处跟踪督办暂行办法〉的通知》（安委办〔2011〕12 号）。

（8）《应急管理部 公安部 最高人民法院 最高人民检察院关于印发〈安全生产行政执法与刑事司法衔接工作办法〉的通知》（应急〔2019〕54 号）。

（9）《国家安全监管总局 国家档案局关于印发〈生产安全事故档案管理办法〉的通知》（安监总办〔2008〕202 号）。

（10）《安全监管总局印发关于生产安全事故调查处理中有关问题规定的通知》（安监总政法〔2013〕115 号）。

（11）《国家安全监管总局关于印发〈特别重大生产安全事故调查处理工作程序〉的通知》（安监总厅统计〔2015〕64 号）。

（12）《国家安全监管总局关于印发〈重大生产安全事故调查处理挂牌督办工作程序〉的通知》（安监总厅统计〔2015〕66 号）。

（13）国家统计局关于批准执行生产安全事故统计等两项统计调查制度的函（国统制〔2020〕133 号）。

此外，事故调查处理的行政法规还包括：《铁路交通事故应急救援和调查处理条例》（国务院令第 501 号）、《电力安全事故应急处置和调查处理条例》（国务院令第 599 号）。

国务院有关部门还根据工作职责和行业、领域事故的特点，对有关行业、领域发生的事故调查处理工作做出了更详细的规定，如《火灾事故调查规定》《内河交通事故调查处理规定》《道路交通事故调查处理程序规定》《渔业船舶水上安全事故报告和调查处理规定》《交通运输部安全生产事故责任追究办法（试行）》《房屋市政工程生产安全事故报告和查处工作规程》等。

第二部分　国标 20 类安全事故案例点评(2013~2020 年)

第一章　物体打击事故(粟爱国点评)

物体打击:指失控物体的惯性力造成的人身伤害事故。如落物、滚石、锤击、碎裂、崩块、砸伤等造成的伤害,不包括爆炸、主体机械设备、车辆、起重机械、坍塌等引发的物体打击。

案例一　安徽铜陵市"10·15"物体打击较大生产安全事故

2013 年 10 月 15 日 13 时左右,铜陵市某物资有限公司在铜陵经济技术开发区西湖二路滨江变电站旁拆除一废弃的 110 kV 滨安 412 线供电铁塔时,铁塔发生倒塌并砸中塔下一工棚,造成工棚内 3 人当场死亡,1 人经抢救无效死亡,直接经济损失约 300 万元。

一、事故发生经过

2013 年 10 月 15 日上午,梅某军带领梅某开等 7 人(临时增加了搬运工毛某东),采取同样方式先后拆除了原 4 号和 3 号铁塔,仅剩原 2 号铁塔尚未拆除。但不久后开始下雨,10 时左右梅某军离开工地。中午吃过午饭后,雨势减弱,便开始切割原 2 号铁塔,由梅某开负责切割。此时,沈某、洪某华因搬运拆除材料离开施工现场,汪某、陶某刚、毛某东到铁塔南面约 15 米处的工棚躲雨,棚内另有兴业公司看护员黄某成和过路避雨人员阮某仙。在切割 2 号铁塔时,切割人员商定,先切割西边两个底脚,后切割东边两个底脚,使塔体倒向西边。因受风向及铁塔上支架西侧南角挂有瓷瓶、电线等附属物自重影响,在割断东边两个底脚后,塔体先向西倾斜,后扭转倒向南边。13 时左右,阮某仙听到外面有异常声响后出工棚查看,见铁塔正向工棚倾倒,阮某仙立即逃离工棚,随后铁塔砸中工棚,汪某、陶某刚、毛某东、黄某成等 4 人被压铁塔下,造成黄某成、陶某刚、毛某东等 3 人当场死亡,汪某重伤,随即被送往市人民医院救治,经抢救无效于 16 日 7 时死亡。

二、事故原因

(一) 直接原因

铜陵市某物资有限公司违规野蛮施工导致铁塔整体失稳破坏,是造成该起事故的直接原因。

(二) 间接原因

一是铜陵市某物资有限公司不具备拆除专业资质,未按规定编制施工方案,施工现场未采取任何安全保护和防护措施,雇佣无特种作业操作证的人员违规操作。二是铜陵市某置业有限责任公司违规发包,将拆除工程发包给不具备拆除专业资质的企业,且对投标单位资质条件把关不严。三是铜陵经济技术开发区管委会重点办、国资办分别作为项目主管单位和招标投标主管机构,对项目审批把关不严,监管缺位。四是铜陵经济技术开发区管委会对项目审批把关不严,安全监管存有漏洞和盲区。

三、事故防范措施

(1)铜陵经济技术开发区管委会要认真吸取该起事故的教训,举一反三,对所辖区域在建和待建工程进行拉网式的排查和检查,全面细致查找事故隐患和监管漏洞,严防类似事故再次发生。

(2)铜陵经济技术开发区管委会及其有关部门要强化隐患排查治理、安全培训教育和"打非治违"等基础工作,持续开展安全生产大检查活动,不断夯实安全生产基础,完善安全生产体制机制,确保本地区安全生产形势平稳好转。

(3)各级人民政府及有关职能部门应切实把好企业市场准入关、项目审批关。持续强化行政执法力度,严厉打击本行业、本领域各类安全生产违法违规行为。

案例二 河北某化工有限公司"6·30"物体打击事故

2014年6月30日10时05分左右,河北某化工有限公司(简称某化工公司)聚氯乙烯分厂破碎工段破碎机故障处置现场,发生一起物体打击事故,造成1人死亡,直接经济损失80万元。

一、事故发生经过

2014年6月29日夜班,聚氯乙烯分厂破碎工段第一破碎工序A线电石破碎机被矽铁块卡住不能正常运行,分厂即决定次日白班进行故障处置。6月30日8时左右,分厂副厂长秦某琦安排乙炔工段段长孙某瑞带人处理破碎机故障。8时30分左右,孙某瑞带领维修工王某、任某及电石破碎工冀某菲来到故障现场,他们先下到地下二层用顶丝顶破碎机力度板,准备将力度板取出以增大颚板的间隙后将矽铁块取出,但未成功。孙某瑞因故离开现场,王某和冀某菲试着用一根钢管(长约200 cm,直径约10 cm)反向撬动破碎机的皮带轮,冀某菲托住管子的前端,王某手握管子的末端用劲向下撬,此时,破碎机皮带轮突然反弹,反弹回来的管子头打到了王某的下颌、颈部,致其受伤并摔倒在地。

见王某摔倒在地,任某赶紧上前将其抱在怀里,并让冀某菲通知段长孙某瑞。此时的王某口鼻出血，目光呆滞，不能说话。孙某瑞接到通知后立即打电话报告给分厂副厂长秦某琦，同时电话通知附近二破人员前来救援，10 时 05 分左右，分厂副厂长秦某琦和二破人员赶到事故现场，大家一起将王某抬到地面，将其小心地放到维修工郝某胜的乐驰车上送往 251 医院进行抢救，经抢救无效，于当日 13 时 50 分左右死亡。

二、事故原因

（一）直接原因

王某、冀某菲用钢管反向撬动破碎机皮带轮时，皮带轮突然反弹，由于躲闪不及，反弹回来的管子头打在王某的下颌、颈部，致其死亡。

（二）间接原因

（1）原材料进厂验收把关不严，在电石进厂卸车验收时，没有及时发现和处置矽铁杂质，给电石破碎留下隐患。

（2）外包铲车司机及一破岗位工责任心不强，在电石进入第一道破碎工序前，没有及时发现和分拣出矽铁杂质。

（3）维修工安全意识淡薄，对排除故障作业存在的危险辨识不足，没有采取有效的安全措施。

（4）设备设计不够严密，致使大块矽铁进入下料口，发生卡机故障。

（5）操作规程不完备。对原材料进厂验收、铲车首破、严把破碎机进料关、破碎机卡机故障处置等环节没有制定专门的安全操作规程，员工都是凭直觉、经验进行处置。

三、整改措施

（1）某化工公司要认真吸取本起事故教训，举一反三，保障安全生产责任制、规章制度、操作规程和安全措施切实落到实处，消除事故隐患,杜绝类似事故,防止其他事故,确保安全生产。

(2)某化工公司要加强设备设施安全管理。强化对工艺、设备的安全检查,对存在的不合理问题予以整改和完善。

(3)某化工公司要进一步加强安全教育与培训,增强目的性、针对性、实效性,增强广大员工的安全意识和危险辨别意识。

(4)某化工公司要进一步制定和完善原材料进厂验收、铲车首破、破碎机进料、破碎机卡料故障处置等环节的安全操作规程,强化标准化作业,使各项作业规范化、标准化、程序化。

(5)某化工公司要进一步加强外包作业单位、人员的管理,签订安全协议,明确安全职责,监督其严格落实。

点评:物体打击事故的主要原因、防范措施和应急处置

一、物体打击事故的外在表现形式、特点

物体打击事故一般多发生在检修作业或建筑施工行业,属于《企业职工伤亡事故分类》(GB 6441—1986)20类别首项,包括落物、滚石、锤击、碎裂、崩块、砸伤等造成的伤害,但不包括爆炸、主体机械设备、车辆、起重机械、坍塌等引发的物体打击。物体打击在工矿商贸企业也屡见不鲜,但很少发生重大以上事故。

二、物体打击事故的主要原因和潜在因素

(1)人员安全意识淡薄,没有养成安全工作的习惯,形成人为的危险源,导致事故发生。

①工作过程中的一般常用工具没有放在工具袋内,随手乱放。

②生产材料随意乱丢、乱堆放,或直接向地面(空中)抛扔生产材料、杂物、垃圾等。

③随意穿越警戒区或在警戒区域内组织生产,不按规定在安全通道内行走。

(2)生产组织不科学、不合理及安全管理监督不到位。

①片面追求进度,以不科学、不合理的生产方式、程序组织生产,不合理地安排作业时间。

②在日常生产组织管理上,现场负责人对交叉作业重视不足,安排两组或两组以上人员在同一作业点的上下方同时作业,造成交叉作业。

③安全监护、监督不到位。一是监督者习以为常,见怪不怪;二是很多人并不认为这种形式的违章、违规(其中包括生产组织者,也包括安全管理人员在内)而是错误地认为这是一种无奈之举,似乎没有更好的办法了。抑或是对现场施工人员工作条件艰苦的一种同情,个中复杂心理作怪,这才是问题的关键。以上因素的存在使事故隐患不能及时排除,是发生此类事故的潜在因素。

(3)安全技术、管理措施不到位,使用不规范的组织生产方式,造成物体处于不安全状态。

①生产材料堆放在临边及洞口附近,堆垛超过规定高度,不稳固。

②不及时清理高处的临时堆放材料,导致生产材料由于振动、碰撞、作业人员误动作等原因而意外坠落。

③在高处作业中,由于工具、零件等物体从高处掉落伤人。

④运动物中反弹物体对人体造成的撞击。

⑤设备带病运转,各种碎片飞溅对人体造成的伤害。

⑥设备运转中违章操作,器具部件飞出对人体造成的伤害。

在诸多物体打击事故中,从技术、管理措施层面来分析,导致事故发生频率最高的依次是②、③、①。

(4)个人防护措施不到位,劳动保护用品不齐全。

①作业人员进入生产现场没有按照要求配备劳动保护用品,或配备不齐全。比如预防物体打击不仅要配备安全帽,还要配备劳保鞋,规范佩戴安全帽可以预防头部伤害,同样穿上劳保鞋可以预防脚部伤害。无论哪个部位缺少防护,都有可能受到伤害。

当然也有劳动保护用品不合格因素,不法分子在市场上售卖不合格劳动保护用品的现象绝不是个例。

②规范使用个体防护用品,比如有些领导到作业现场仅戴一顶安全帽,还不系帽带,穿着西服到现场"指导"工作,成为工人安全教育培训的反面教材。所以,规范佩戴劳动保护用品必须从领导做起,这需要领导者自律。

个体防护作为一种辅助性预防措施,可以预防生产安全事故,可以预防和减少事故发生,降低事故危害,预防职业危害和职业病发生是安全生产和职业健康的最后一道防线,应当引起各行各业和作业人员的高度重视。

(5)其他原因。

①可能造成物体打击的场所、工段,没有采取有效措施或防护措施失效。

②安全警示标志缺失或安全警示标志不齐全、不规范、不准确。

③其他有可能造成物体打击事故的环节和状态。

三、物体打击事故的预防措施

(1)操作(作业)人员必须进行安全培训,按要求正确使用安全防护用品,进入作业现场不得违章指挥、违章操作。

(2)加强设备点巡检工作,及时消除设备故障,以防器具部件飞出伤人。

(3)物件堆放(原辅料、半成品、成品)环节,采取以下防范物件倒塌、物件坠落的措施:

①物件堆放平稳,不得超高堆放,不得堵塞通道。

②铸造使用的砂箱、模型、工具等不得随意堆放,保持通道畅通无阻。

(4)物流、运输货物装卸环节,采取以下防范货物滚动或倒下的措施:

①场区交通组织规范,货物捆扎应牢固,放置平稳。

②超高装卸作业时,现场应设监护人员。

③大件产品在组装和搬运时,应放置平稳,现场设监护人员,事前应做风险评估,做好防倾倒措施。

(5)维修、施工环节,采取以下防范高处作业时配件、工具等坠落的措施:

①作业人员持有高处作业资格证并按规定采取相应保护措施。

②作业人员上下时应将工具放在工具袋里;零配件、报废件等应定点放置,不准往下乱扔。

③高处平台应装 10 cm 高的踢脚板。

(6)防范重锤、榔头飞出的措施:

①工作前检查所用的重锤、榔头等工具是否完好、可靠。

②使用重锤、榔头等工具时拿紧、拿好,应观察周边人员位置和变化情况再行操作。抢大锤时不得戴手套。

(7)防范物件(设备、零配件等)支撑不牢的措施:

①维修架空物件必须支撑牢固、可靠,方可进行作业。

②安装时,操作人员应做好协调配合,重物应使用起吊工具进行操作。

(8)组织生产中机床安全检查环节,防范工具、卡具、工件飞出的措施:

①牢固安装好工具、卡具、工件。

②加工偏心工件时做好平衡配重。

③经常检查卡盘保险销子确保销紧。

④不准在立车卡盘上放置浮动物体。

(9)防范钻头、刀具飞出的措施：

①作业前检查钻头、刀具,并确认上紧。

②控制钻头、刀具进给速度,并均匀进给。

(10)组织生产冲床、压力机检查环节,防范模具安装不当的措施：

①安装前应仔细检查模具,并确认完整无裂纹。

②检查压力机和模具的闭合高度,保证所用模具的闭合高度介于压力机的最大闭合高度与最小闭合高度之间。

③模具安装完后,应进行空转或试冲,检验上、下模位置的正确性,以及卸料、打料和顶料装置是否灵活、可靠,并装上全部安全防护装置,直至全部符合要求方可投入生产。

(11)组织生产锻床检查环节,防范锤头、铁砧碎裂飞出的措施：

①工作前应检查锤头、铁砧,确认无裂纹,锤头与锤不松动。

②工作中应经常检查受冲击部位,确认无损伤、松动、裂纹等,发现问题要及时修理或更换,严禁机床带病作业。

(12)防范工件飞出的措施：

①严禁无关人员在锻床边观看。

②严格遵守七不打的操作规程,即：

工件放不正不打；

拿不平不打；

夹不准不打；

冷铁不打；

冲子和剁刀背上有油不打；

空锤不打；

看不准不打。

四、物体打击事故的应急处置要领

(一)现场应急处置程序

物体打击事故发生后,现场人员应立即进行应急处置并向现场负责人报告,现场负责人迅速向本生产经营单位负责人汇报。生产经营单位负责人接到报告后,应立即启动应急处置预案,并立即赶赴现场指挥应急处理。

(二)现场应急处置措施

(1)当发生物体打击事故后,现场人员应立即将受伤人员脱离危险区域,并向周围人员呼救,根据现场实际情况对受伤者进行现场急救,同时拨打120急救。

(2)对于较浅的伤口,可用纱布包扎止血;动脉创伤出血,还应在出血位置的上方动脉搏动处用手指压迫或用止血胶管在伤口近心端进行绑扎。

(3)较深创伤大出血,在现场做好应急止血加压包扎后,应立即送往医院进行救治。在止血的同时,还应密切注视伤员的神志、脉搏、呼吸等体征情况。

(4)对怀疑或确认有骨折的人员应询问其自我感觉情况及疼痛部位,对于昏迷者要注意观察其体位有无改变,切勿随意搬动伤员。应先在骨折部位用木板条或竹板片于骨折位置的上、下关节处做临时固定,使断端不再移位或刺伤肌肉、神经或血管。如有骨折断端露在皮肤外的,用干净的纱布覆盖好伤口,固定好骨折上、下关节部位,等待120救援。

(5)对于怀疑有脊椎骨折的伤员,搬运时应用夹板或硬纸皮垫在伤员的身下,以免受伤的脊椎移位、断裂造成截瘫。如伤员不在危险区域,暂无生命危险的,最好等待120医疗急救人员进行搬运。

(6)如怀疑有颅脑损伤的,首先必须维持呼吸道通畅,昏迷伤员应侧卧位或仰卧偏头,以防舌根下坠或分泌物、呕吐物吸入气管,发生气道阻塞;对烦躁不安者可因地制宜地予以手足约束,以防止伤及开放伤口,尽快组织送往医院救治。

(7)如受伤人员呼吸和心跳均停止时,应立即进行心肺复苏。在医务人员未接替抢救前,现场抢救人员不得放弃现场抢救。

(栗爱国:国家注册安全工程师、安全工程高级工程师,河南省工贸安全生产专家,《劳动保护》杂志社、易安培训网特聘"易安名师"。现任河南省安钢集团工程公司安全总监。)

第二章 车辆伤害事故（孔垂玺点评）

车辆伤害：指本企业机动车辆引起的机械伤害事故。如机动车辆在行驶中的挤、压、撞车或倾覆等事故；在行驶中上下车、搭乘矿车或放飞车所引起的事故，以及车辆运输挂钩、跑车事故。

案例一 益阳某矿业有限公司桃江县源嘉桥硫铁矿"9·1"较大车辆伤害事故

2014年9月1日13时51分，益阳某矿业有限公司桃江县源嘉桥硫铁矿发生一起车辆伤害事故，造成3人死亡、1人受伤，直接经济损失约211万元。

一、事故发生经过

2014年9月1日12时左右，带班副矿长刘某楼对十中段各作业面进行安全检查，这时十中段4组掘进作业点装好一车矿石后，扒岩机不能启动，刘某楼安排机电工刘某权、伍某军去检查，二人检查后发现电机烧坏，需要更换，于是跟井口值班室打电话，要求地面下放新电机。井口值班员刘某芬接到电话后，马上将情况向矿长秦某生汇报。秦某生在地面没有找到好的电机，于是安排刘某权、伍某军去八中段腰巷拆一台电机进行更换，刘某权、伍某军拆下故障电机并装进空矿车内，与十中段车场另三辆装满矿石的矿车连钩，就准备去八中段腰巷拆电机。由于刘某权、伍某军来矿工作时间不到20天，对矿山情况不熟悉，带班副矿长刘某楼决定带他们去。刘某楼走在前面，刘某权、伍某军随后，3人从十中段车场沿主斜井上行。刚行至九中段重车道吊桥时，刘某楼发现钢丝绳向上提升，便马上躲避在九中段重车道吊桥上 1 m 东侧巷道靠帮位置,并喊刘某权、伍某军躲避,他们二人听见喊声,快速走到九中段重车道吊桥东侧的工字钢架的空车道中间。此时,正在等空车的九中段掘进工杨某强待重车通过九中段口后,将吊桥放下,也躲到刘某权和伍某军的旁边。13 时 50 分左右,当矿车提升至离井口 257.8 m 时,钢丝绳在离井口 205.8 m 处发生断裂,导致跑车。矿车急速下滑,左右翻滚撞击轨道,致矿车内矿石甩出后砸在刘某楼身上,同时被掀起的轨道将刘某楼压住,刘某楼左侧背部及左腿受伤。离井口 425.8 m 位置矿车掉道继续向下翻滚,冲入九中段重车道吊桥上,侧翻于东侧空车道工字钢架上,将钢架压垮,撞向躲在此处的杨某强、刘某权、伍某军 3 人,导致 3 人当场被撞击身亡。

二、事故原因

(一)直接原因

矿山在用提升钢丝绳使用中受矿井酸性水腐蚀,严重锈蚀,使用性能严重降低,且从业人员对钢丝绳的维护、保养、检查不到位,引起提升时断绳跑车;刘某楼、刘某权、伍某军和杨某强 4 人在斜井内矿车提升时,躲避在不安全位置,被掉道车辆撞击。

(二)间接原因

(1)益阳某矿业有限公司桃江县源嘉桥硫铁矿对从业人员的安全生产教育培训不到位。

(2)企业安全生产主体责任不落实,对从业人员违规行为制止不力。

(3)灰山港镇镇政府、灰山港镇安监站、桃江县安监局等相关职能部门安全生产监管不到位,督促企业落实安全生产主体责任不力。

三、防范措施

(1)益阳某矿业有限公司要认真落实安全生产主体责任。加强对从业人员的安全知识和专业知识培训,增强全员安全意识,杜绝违规、违章作业,防止类似事故的发生。

(2)各级安全生产监管职能部门要按"属地管理"原则认真履行职责。

(3)桃江县人民政府、灰山港镇人民政府要深刻吸取"9·1"事故教训,高度重视安全生产工作,扎实开展"非煤矿山隐患排查治理"专项行动,切实保护从业人员生命安全。

案例二　吉林市某木业有限公司"3·5"重大车辆燃烧事故

2014年3月5日7时05分,吉林市某木业有限公司租用吉林市某客运有限责任公司名下的通勤大客车在运送职工上班途中发生燃烧,当场造成10人死亡、17人受伤,直接经济损失1 134.86万元。

一、事故发生经过

事故发生当日5时40分,付某杰驾驶事故客车从吉林市船营区城市人家装饰公司门前出发。5时45分,车主张某霞于船营区雪园日本料理门前上车后,陆续接送16名吉林市松花江中学学生。6时25分,学生于吉林市松花江中学全部下车后按日常路线接送吉林市某木业有限公司43名职工,其间车主张某霞下车回家。7时05分,该车行驶至迎宾大路小光村牌子(距吉林市某木业有限公司正门东100 m)附近时,坐在车内最后一排左侧座位的某木业公司职工孙某国突然大喊:"火!"(车上其他人员证实其座椅后面和下面均有火苗)。同车第五排职工张某立即拨打119报警,司机付某杰紧急将车停于路边,随即开门与其他职工跳下车,使用灭火器灭火并协助车内其他人员下车。此时车后部火势迅速蔓延,车内未及时逃离的部分职工砸窗跳车,余者拥向车门(位于车右前方)逃生。7时10分,吉林市公安消防支队到场。7 时 15 分,火被扑灭,同时,全部伤员被送至吉林市第三医院紧急救治。11 时 46 分,伤亡人员的基本情况全部查清,10 名遇难者遗体被送至吉林市某殡仪馆妥善安置。13 时 50 分,事故现场清理完毕,事发路段恢复通行。

二、事故原因

(一)直接原因

吉 BA2057 号大型普通客车更换的报废货车发动机总成(CA6113-1B00207939)燃油管及密封垫片老化,导致燃油渗漏;由于私自改装为涡轮增压,并使用了失效的增压器和规格型号不统一的喷油器,导致发动机热负荷加大,排温大幅升高,引起发动机仓着火;发动机仓使用了未加防护的聚氨酯材料,致使发动机仓火势加大;发动机仓检修口盖使用了易燃、可燃材料,且有孔洞与车厢连通,使火焰进入车厢;车厢顶部、侧部、坐垫均使用聚氨酯发泡材料,导致车辆整体迅速燃烧;车厢过道设有并使用了边座,且违反相关规范要求在车厢后部安全门通道设置了乘客座椅,影响人员疏散、逃生,致使事故扩大。

(二)间接原因

(1)吉林市某客运有限责任公司安全生产主体责任不落实,安全生产规章制度执行不严格,管理不到位。

(2)吉林市某木业有限公司安全生产主体责任不落实,安全生产规章制度不健全,管理不到位;对职工安全常识和逃生自救互救能力培训不到位。

(3)吉林市某报废汽车回收有限责任公司长期未执行市政府的"六统一"要求,致使报废发动机总成(CA6113-1B00207939)流入市场。

(4)吉林市某机动车检测有限公司执行机动车安全技术检验规章制度不严格,违法出具虚假检验合格报告,致使事故客车先后于

2012年8月28日和2013年6月24日两次违法通过机动车安全技术检验。

（5）事故客车车主张某霞严重违反安全生产法律法规，违法换装国家明令销毁、禁止交易使用的报废发动机总成（CA6113－1B00207939）。

（6）事故客车驾驶员付某杰协助非法购买并参与换装报废发动机总成（CA6113－1B00207939），致使该车发生重大燃烧事故。

（7）某报废汽车回收有限责任公司租赁业户耿某非法回收、拆解无手续报废车（吉A22728），并出售其发动机总成（CA6113－1B00207939），导致重大事故发生。

（8）汽车维修工刘某法制观念淡薄，受张某霞雇佣，参与购买并违法将报废车（吉A22728）发动机总成（CA6113－1B00207939）换装到事故客车（吉BA2057）上，导致重大事故发生。

（9）吉林市交通运输部门、吉林市质监部门、吉林市商务局、吉林市公安局和吉林市工商局监管责任落实不到位。

三、防范措施

（1）吉林市人民政府要牢固树立"红线"意识，强化道路运输安全生产管理责任落实。

（2）吉林市人民政府及有关部门要加大对报废车辆拆解市场和机动车检验机构的监管力度，强化源头管控；要深入开展道路运输安全专项整治，确保隐患排查治理、打非治违工作取得成效；要完善道路营运车辆的安全标准，提高道路安全保障能力和水平。

（3）要认真搞好企业从业人员安全培训教育，切实增强安全防范意识；加强企业从业人员和司乘人员的安全应急演练，强化事故应急处置能力。

点评:车辆伤害事故的特点、防范措施和应急处置

车辆伤害事故指的是厂(场)车事故,我们通常把厂(场)内机动车辆称作"厂(场)车"。

企业内机动车辆虽然只是在企业内进行运输作业,但分析近年来的各类事故案例,车辆伤害事故并不少见,不仅影响到企业的正常生产,还给企业和职工造成不应有的损失。所以,有必要对企业内机动车辆伤害事故的主要原因、常见事故形式与预防方法进行分析研究,以防止和减少甚至避免此类事故的发生。

一、车辆伤害事故的主要原因

车辆伤害事故的原因是多方面的,但主要是涉及人(驾驶员、行人、装卸工)、车(机动车与非机动车)、道路环境这3个综合因素。企业内机动车事故的主要原因包括以下几点。

1. 驾驶员和行人安全意识、操作技能不足

大量车辆伤害事故案例表明,违章驾驶、疲劳驾驶、违章指挥是这类事故的推手。从人因来分析,车辆伤害涉及驾驶员、装卸工、指挥人员、行人,这一事故链条比较长,而且厂(场)车控制自动化程度低,基本靠人的安全意识和操作人员的技能来实现。

企业首先要明白这个岗位是特种设备操作岗位,最关键的因素是操作人员必须持证上岗。

同时厂(场)车驾驶人员在安全教育培训方面,需要接受"双重教育",既要接受法定的特种作业人员培训,并且考试合格,还要接受企业的三级安全教育培训和年度安全培训继续教育、返厂复工教育等。这也是特殊工种的特别之处,目的是提高操作人员的安全意识和操作技能。

厂(场)车驾驶人员要不断提高实操技能,还要制订厂(场)车事

故应急处置方案,并按照规定进行演练,从而提高驾驶人员和从业人员的应急处置意识和能力。

车辆伤害的受害人很多情况下是行人,这就需要企业加强对从业人员、相关方人员交通安全教育,提高道路行驶的遵章意识和能力。另外,相关人员特种作业技术不娴熟、安全操作知识掌握不牢、熟悉程度不够,是造成车辆伤害事故的重要原因。主要表现在以下几方面:

(1)驾驶员违章操作。指事故当事人错误的操作行为,不按有关规定行驶或停放,致使事故发生。如酒后驾车、疲劳驾车、非驾驶员驾车、超速行驶、争道抢行、违章超车、违章装载、违章停放等原因造成的车辆伤害事故。

(2)相关人员大意。指当事人由于心理或生理方面的原因,没有及时、正确地观察和判断道路情况而造成失误,或瞭望观察不周,遇到情况采取措施不及时或不当,也有的只凭主观想象判断情况,或过高地估计自己的经验技术,过分自信,引起操作失误导致事故。

(3)行人不遵守交通规则,争道抢行。

2. 车况不良

车辆安全行驶制度不落实,车况不良,车辆的安全装置如转向、制动、喇叭、照明、后视镜和转向指示灯等不齐全或无效,车辆维护修理不及时,带"病"行驶等。

3. 道路环境

主要表现在道路条件差或视线不良。如库房内通道狭窄、曲折,厂区弯路多、急转弯多等,或视线不良导致观察盲区多,在客观上给驾驶员观察判断情况造成了很大的困难,对于突然出现的情况,往往不能及时发现判断,缺乏足够的缓冲空间,措施不及时而导致事故。另外,在恶劣的气候条件下驾驶车辆,驾驶员视线、视距、视野及听力受到影响,往往造成判断情况不及时,再加之雨水、积雪、冰冻等自然条件,会导致刹车制动时摩擦系数下降,制动距离变长,或产生横滑,这些也是造成事故的原因。

4. 管理因素

(1)没有建立或健全规章制度和操作规程,没有定期的安全教育和车辆维护修理等制度,都会造成驾驶员无章可循或带来安全管理漏洞,从而导致事故的发生。

(2)各项制度和操作规程执行不力,落实不好,有章不循,驾驶员的安全意识会逐渐淡化,这是导致车辆伤害事故不断发生或重复发生的重要原因之一。

(3)无证驾车。由于无证驾车人好奇,私自驾车或驾驶员违反规定私自将车交给无证人员开,企业安全管理不到位,甚至有的事故是个别领导违章指挥所致。无证驾车人往往法制观念淡薄、技术不精,导致发生车辆伤害事故。

(4)交通信号、标志、设施缺陷。信号指示灯,禁行、限行、警告标志,隔离设施等,是在某些路段、地点及在某些情况下对车辆驾驶员及其他交通参与者提出的具体要求和提示,带有明显的规范性和约束力,有的企业对此认识不足,不同程度地存在着标志、信号、设施不全或设置不合格的情况,这样驾驶员就难以根据不同的道路情况或某些特殊情况,按具体要求做到谨慎驾驶,安全行车。

(5)指挥人员站位错误,行人与车辆不遵守道口安全规定,抢越道口。

二、车辆伤害事故的预防措施

(1)车辆驾驶人员必须经有资格的培训单位培训并考试合格后方可持证上岗。

(2)企业应建立健全场内交通及车辆的管理制度、教育制度及检查制度等,并督促相关人员严格遵守。

(3)生产厂区具有设备管道繁多、厂内道路路口多、视线不开阔、人员活动频繁等客观原因。因此,生产厂区内应由企业根据实际情况制定限速、限高标准,并制作安全警示标志进行限速。

(4)严禁翻斗车、自卸车车厢载人,严禁货物混装,车辆载货严禁超载、超高、超宽。捆扎应牢固可靠,应防止车内物体失稳跌落伤人。

(5)装载货物的车辆,随车人员应坐在指定的安全地点,不得站在车门踏板上,也不得坐在车厢侧板上或坐在驾驶室顶上。

(6)车辆进出施工现场,在场内掉头、倒车,在狭窄场地行驶时应有专人指挥。

(7)现场行车进出场要减速,并做到“四慢”:道路情况不明要慢;线路不良要慢;起步、会车、停车要慢;在狭路、基坑边沿、坡路、岔道、行人拥挤地点及出入大门时要慢。

(8)乘坐车辆应坐在安全处,头、手、身不得露在车厢外,要防止车辆起动和刹车时跌倒。

(9)装卸车作业时,若车辆停在坡道上,应在车轮两侧用楔形木块加以固定,防止车辆溜滑。

(10)在邻近机动车道的作业区和脚手架等设施处,以及在道路中的路障处应加设安全色标、安全标志;采取防护措施。

(11)车辆维修要及时。适时对车辆进行检验、维修,及时发现、排除各种故障与隐患,随时保证车辆的完好状态,严禁带故障运行。

(12)在厂区内骑自行车时,严禁带人、双撒把或速度过快,更不得与机动车辆抢道争快,在厂房内严禁骑自行车。

(13)停车应停在指定地点或道路有效路面以外不妨碍交通的地点,不得逆向停车。驾驶员离车时,应拉紧手制动,切断电源,锁好车门。

(14)行人与车辆必须严格遵守交通规则和道口安全规定,不准抢越道口,不违章超车。

(15)行人看见机动车辆或听到鸣笛声响,必须及时避让,不准明知车辆驶过来而不避让,也不准为了躲避尘土(刮风天)、泥水(雨后),突然从路的一侧跑到另一侧。

(16)进料口上料人员必须站在安全位置上指挥车辆上料,机动车辆没有停稳前,不准靠近车辆。冬季生产时,必须与机动车辆保持一定的安全距离,不准离车辆过近,防止路滑导致意外事故的发生。

三、车辆伤害事故的应急处置要领

(一)事故风险分析

1.事故类型

车辆伤害是企业机动车辆在行驶中引起的对人体直接撞击、坠落和物体倒塌、挤压伤亡事故。主要有车辆伤害受伤(轻伤、重伤)和车辆伤害死亡两种。

车辆伤害不包括由公安机关依据《中华人民共和国道路交通安全法》管辖的道路交通安全事故。

2.事故发生区域

(1)厂区道路。

(2)仓库装运平台。

(3)上下班途中的道路。

3.车辆伤害事故的危害严重程度

车辆伤害事故可造成人员受伤甚至死亡。

4.事故前可能出现的征兆

车辆带病作业,场地路况差,车速过快,刹车失灵等;驾驶员安全意识差,无证驾驶,违章载人,无信号起步,违章指挥,倒车时退出路面而导致倾翻坠落;其他车辆伤害事故重大隐患或者风险。

(二)应急处置

1.事故应急处置程序

车辆伤害事故发生后,现场负责人第一时间向本生产经营单位主要负责人报告发生车辆伤害事故的地点、受伤人员伤情等情况。同时启动预案，布置警戒线，安排对伤员进行初步抢救。

当事故造成人员重伤、死亡时，本生产经营单位负责人应当在1小时内向当地县级以上人民政府应急管理部门报告事故信息，主要内容包括事件发生时间、事件发生地点、事故性质、先期处理情况、重伤死亡人数等。

2. 现场应急处置措施

发生车辆伤害事故，当现场负责人员向公司应急指挥中心报告后，应根据具体情况对伤员进行现场急救。对伤员的现场抢救包括：

（1）对心跳呼吸停止者，现场实施心肺复苏。

（2）对失去知觉者宜清除口鼻中的异物、分泌物、呕吐物，随后将伤员置于侧卧位以防止窒息。

（3）对出血多的伤口应加压包扎，有搏动性或喷涌状动脉出血不止时，暂时可用指压法止血，或在出血肢体伤口的近端扎止血带，上止血带者应有标记，注明时间，并且每20分钟放松一次，以防肢体的缺血坏死。

（4）立即采取措施固定骨折的肢体，防止骨折的二次损伤。

（5）伤势严重者，现场人员需要做的是止血和简单的清洗、简单的包扎，不具备一定的医护经验和水平者，不宜做更多、更深的抢救工作，必须快速将伤员送往医院诊治。

（6）当有异物刺入体腔或肢体时，不宜拔出，等到达医院后再专业救治。

（三）注意事项

（1）受伤者伤势严重的，不要轻易移动伤者。

（2）去除伤员身上的用具和口袋中的硬物，注意不要让伤者再受到挤压。

（3）如上肢受伤将其固定于躯干，如下肢受伤将其固定于另一健肢。应垫高伤肢,消除肿胀。

(4)如果伤口中已有脏物,不要用水冲洗,不要使用药物,也不要试图将裸露在伤口外的断骨复位,应在伤口上覆盖灭菌纱布,然后进行适度的包扎、固定。

(5)若发现窒息者,应及时解除其呼吸道梗塞和呼吸机能障碍,并立即解开伤员衣领,消除伤员口鼻、咽喉部的异物、血块、分泌物、呕吐物等。

(孔垂玺:河南省普泰安全科技有限公司总经理、中级工程师。)

第三章　机械伤害事故（张西安、魏东点评）

机械伤害：指机械设备与工具引起的绞、辗、碰、割、戳、切等伤害。如工件或刀具飞出伤人，切屑伤人，手或身体被卷入，手或其他部位被刀具碰伤，被转动的机械缠压住等。但属于车辆、起重设备的情况除外。

案例一　河北某钢铁集团金鼎重工股份有限公司"11·21"机械伤害较大事故

2013年11月21日20时20分，河北某钢铁集团金鼎重工股份有限公司烧结厂3号烧结机机尾用于环保的除尘风机在电机更换后调试运行时爆裂，风机转子、机壳碎片飞出击中现场作业人员，造成4人死亡、3人受伤，直接经济损失达600余万元。

一、事故发生经过

2013年11月21日凌晨5时左右，河北某钢铁集团金鼎重工股份有限公司烧结厂3号烧结机机尾用于环保的除尘风机电机在运行中发生弧光接地故障，造成停机，经检查确认为电机线圈烧坏（电机型号为YKK560-8）。根据职责分工，供应部具体联系确定既有维修能力，又可以在维修期间提供相同型号替代电机的维修厂家。经公司供应部采购员唱某丽多方联系，石家庄某高压电机维修中心有两台型号相近的电机：一台为Y560-8电机，另一台为YKK560-6电机。得知此情况后，公司供应部部长石某打电话询问烧结厂厂长王某军该电机是否能用，并让他直接与石家庄维修厂家联系。王某军就让该厂设备科长武某伟与石家庄厂家沟通。随后，武某伟在与烧结厂维修车间主任左某兵商量后以电话形式告知石家庄某高压电机维修中心 YKK560-6 电机可用,并向公司供应部长石某和设备部长孔某琴做了汇报。孔某琴同意先借用该替代电机使用,待公司损坏电机修复后再返还厂家的替代电机。下午 16 时左右,烧结厂维修人员将从石家庄运来的替代电机送到公司机修厂安装联轴器。17 时左右,运达烧结厂。此时,武某伟发现该电机无铭牌,就向维修车间主任左某兵询问具体情况,左某兵回答:"该电机到货后就没有铭牌,电机中心高,地脚尺寸和安装尺寸都相同,应该没有问题",于是就组织现场人员开始安装。18 时 45 分,电机安装完成后开始接电空试,运行正常,但转向相反。19 时 15 分,停机倒线。20 时左右,连接完毕。左某兵通知可以启动。20 时 15 分,风机启动,启动后运行平稳,左某兵通知开启风门,开至 5°时未发现风机异常,运行 3 分钟后左某兵通知增开 5°风门,此时,烧结厂厂长王某军发现风机栏杆有轻微振动。当风机运行 5 分钟后,左某兵通知再加开 5°风门(此时风门已加到 15°)时,振动加大,现场的烧结厂电修主任张某听到有异响,就向王某军说:"不行就停吧",王某军说:"马上停"。话音刚落,就听到一声巨响,风机机壳破裂,风机转子和机壳碎片飞出,击中了现场 10 名员工中的 7 名员工。7 名伤者分别被送到峰峰矿务局总医院、武安市人民医院等 4 家医院抢救,最终 4 人经抢救无效死亡,其余 3 人接受治疗,无生命危险。本次事故共造成 4 人死亡、3 人轻伤。

二、事故原因

(一)直接原因

由于烧结厂机尾除尘风机使用的替代电机转速大于原配电机转速(原配电机型号 YKK560-8,转速 730 r/min,功率 800 kW,替代电机型号 YKK560-6,转速 1 000 r/min,功率 800 kW),其转速是原配电机转速的 1.3 倍。在使用替代电机后风机承受的载荷是核定载荷的 2.8 倍(风机额定转速为 750 r/min),致使风机转子解体后打碎机壳,转子和机壳碎片飞出击中现场作业人员。因此,错误使用与风机不相匹配的高转速电机是导致这起事故发生的直接原因。

（二）间接原因

（1）烧结厂维修车间主任左某兵违反公司《除尘风机岗位操作规程》，未指令现场负责试车的风机工、电工以外的 8 名职工撤离现场，事故发生时，转子及机壳碎片飞出，造成伤亡人员扩大。

（2）河北某钢铁集团金鼎重工股份有限公司相关部门负责人对设备进厂把关不严密。烧结厂违反公司设备管理制度，在替代电机未经公司设备管理部门验收、确认的情况下，盲目安装调试。

（3）武安市工信局、武安市安全监管局对该企业安全管理制度的落实情况监管不到位。

三、防范措施

（1）河北某钢铁集团金鼎重工股份有限公司要深刻吸取事故教训，举一反三，严格落实企业安全生产主体责任，有效堵塞管理漏洞；要加大对职工的安全教育和培训，强化对操作现场的安全管理，坚决杜绝"三违"。

（2）河北某钢铁集团金鼎重工股份有限公司要加强对检修工作的组织领导，统筹协调和安全监管工作，制定并落实好检修过程中的应急预案。

（3）武安市政府及其有关职能部门要认真履行安全监管职责，加大对所属企业安全隐患排查力度，切实保障人民群众生命和财产安全。

点评：机械伤害事故的主要原因、预防措施和应急救援要领

一、机械伤害事故的原因分析

（一）对机械设备事故规律的认识

机械伤害事故的危险区域称为危区。

危区分为正常运行危区和故障危区:

(二)常见的机械伤害事故原因分析

1.物的不安全状态

机械设备质量、技术、性能上的缺陷,以及在制造、维护、保养、使用、管理等诸多环节上存在的不足,是导致机械伤害事故的主要原因之一。具体表现为:一是机械设备在设计制造上就存在缺陷,有的设备机械传动部位没有防护罩、保险、限位、信号等装置;二是设备设施、工具、附件有缺陷,加上有的企业擅自改装、拼装和使用自制非标设备,设备安全性能难以保证;三是设备日常维护、保养不到位,机械设备带病运转、运行,对设备的使用、维护、保养、安全性能的检测缺少强有力的监管;四是从业人员个人防护用品、工具缺少或有缺陷,导致工人在操作中将身体置于机械运转的危险之中;五是生产作业环境缺陷,有的企业设备安装布局不合理,机械设备之间的安全间距不足,工人操作空间窄、小,更有少数单位现场管理混乱,产品乱堆乱放、无定置、无安全出入通道。

2.人的不安全行为

人的不安全行为是造成机械伤害事故的又一直接原因,集中表现为:一是操作失误,忽视安全,忽视警告。操作者缺乏应有的安全意识和自我防护意识,思想麻痹,有的违章指挥、违章作业、违反劳动纪律;二是操作人员野蛮操作,导致机械设备安全装置失效或失灵,造成设备本身处于不安全状态;三是手工代替工具操作或冒险进入危险场所、区域,有的工人为图省事,走捷径,擅自跨越机械传动部位;四是机械运转时加油、维修、清扫,或者操作者进入危险区域进行检查、安装、调试,虽然关停了设备,但未能开启限位装置或保险装置,又无他人在场监护,将身体置身于他人可以启动设备的危险之中;五是操作者忽视使用或佩戴劳动保护用品。

3.管理的缺陷

一是安全机构不健全,有的企业没有专职安全员或安全员配备不足,有的安全员一人多职,职责不明;二是安全宣传、安全培训不到位,有的企业新工人未经培训就直接上岗作业,特别是特种作业人员未经相关部门培训,缺乏安全操作技术知识,存在边学边干的现象;三是安全生产制度、操作规程不健全,即使有制度也流于形式,执行不到位,监管不到位;四是对事故隐患整改不力,有的企业虽然定期进行安全检查,但对发现的问题和隐患,往往一查了之,不能跟踪督查、整改到位。

二、机械伤害事故的预防措施

(一)一定要选择有资质的正规厂商生产的机械设备

防护罩、保险、限位、信号等装置齐全,设备本身质量达到安全状态;专用设备必须配备专用的工具,设备设施上的安全附件有缺陷时,一定要及时处理,处理不了的要及时更换设备;加强对设备的使用、维护、保养、检查等工作,建立完善巡检工作制,及早发现设备隐患并迅速处理,使机械设备不带病作业。

对所有机械加工设备的危险部位都必须安装防护装置,保护机械设备运转区域内的操作者和其他人员不受机械设备工作点、卷入挤压点、回转零件、飞出的碎屑和火花的伤害,对防护网、防护罩、栏杆、防护挡板等,必要时应增加安全联锁装置,这些装置必须与机械加工设备同时设计、同时施工、同时投入使用。另外,根据机械加工设备的维护保养要求和规定进行日常的维护保养、定期维护保养及定期的检修,以便及时发现和排除设备安全隐患,将事故隐患遏制在萌芽状态。

(二) 以制度为切入点,规范员工操作行为

进一步完善规章制度和安全技术操作规程,杜绝违章指挥和违章操作的行为。狠抓安全生产知识和安全操作技能培训工作,提高员工的自我保护意识。对一些特殊的专用设备的操作规程必须针对加工产品的特点及使用规定做深入细致的研究,制定更为细致和规范的操作规程,督促操作者掌握该设备的危险源(点)及防范措施。通过建立健全安全生产规章制度,实行严格检查督促,落实各级各类人员的安全生产责任制,杜绝违章指挥和违章操作的行为。通过建立健全安全生产规章制度,实行严格检查督促,落实各级各类人员的安全生产责任制,杜绝违章指挥和违章操作的行为。

(三) 狠抓培训教育,全力提高从业人员的自我保护意识

企业对新员工上岗前必须进行三级教育、四新教育和变换岗位教育,对特种作业人员必须按照国家有关规定经专门的安全教育培训,取得特种作业安全操作资格证书,方可上岗作业。同时要强制执行劳动防护用品的使用与佩戴,通过正确配备和使用劳动防护用品来改善劳动条件,防止伤亡事故,预防职业危害的发生。同时建立健全劳动防护用品的购买、验收、保管、发放、使用、更换和报废等管理制度,保障劳动者的安全与健康。

(四) 建立健全安全生产检查制度,落实隐患整改

机械加工企业必须建立健全安全检查制度,从查培训、查制度、查管理、查违章指挥和违章操作、查隐患、查安全设施等六个方面进行定期不定期的安全检查,对一时难以整改到位的问题和隐患限期整改,并明确专人负责跟踪督查、督办,确保隐患得到控制和消除。

(五) 规范管理,加大行政执法力度

应急管理部门应加大安全生产法律法规的宣传力度,提高用人单位和从业人员的安全生产知识和法律意识,对违法生产、违章指挥和违章操作造成严重后果的,依照《中华人民共和国安全生产法》加

大处罚力度,通过多种途径进一步提高机械加工企业的安全生产法律意识,减少和控制各类机械伤害事故的发生。

三、机械伤害事故应急救援措施

当事故发生后,现场有关人员应立即报告现场负责人,由救援组长指挥对事故现场实施警戒,采取有效措施防止事故扩大和保护现场,同时迅速采取切实可行的措施对被困人员或伤员组织抢救。

当发生机械伤害事故时应立即切断动力电源,首先抢救伤员,根据伤员的伤害情况,采取相应的急救办法。

如遇有创伤性出血的伤员,立即拨打120急救热线,并应迅速包扎止血,使伤员保持在头低脚高的卧位,并注意保暖。当手前臂、小腿以下位置出血时,应选用橡胶带或布带或止血纱布等进行绑扎止血。

遇呼吸、心跳停止的伤员,应立即进行人工呼吸、胸外心脏按压。让其安静、保暖、平卧、少动,并将下肢抬高约20°左右,尽快送医院进行抢救治疗。

出现颅脑损伤的伤员,必须保持呼吸道畅通。昏迷者应平卧,面部转向一侧,以防舌根下坠或有分泌物、瘀血、吸入呕吐物,发生喉阻塞。

发现脊椎受伤者,创伤处用消毒的纱布或清洁布等覆盖伤口,用绷带或布条包扎。

动用最快的交通工具或其他方式,及时把伤者送往邻近医院抢救,运送途中应尽量减少颠簸。同时密切注意伤者的呼吸、脉搏、血压及伤口的情况。

(张西安:利德世普科技有限公司董事长;魏东:利德世普科技有限公司副总经理、中级工程师。)

第四章　起重伤害事故(阴登科点评)

起重伤害:指从事起重作业时引起的机械伤害事故。包括各种起重作业引起的机械伤害,但不包括触电,检修时制动失灵引起的伤害,上、下驾驶室时引起的坠落式跌倒。

案例一　广东东莞某预制构件厂"4·13"起重机倾覆重大事故

2016年4月13日5时38分许,位于东莞市麻涌镇大盛村的中交第四航务工程局有限公司第一工程有限公司东莞某预制构件厂一台通用门式起重机发生倾覆,压塌轨道终端附近的部分住人集装箱组合房,造成18人死亡、33人受伤,直接经济损失1861万元。

一、事故发生经过

2016年4月11日20~22时,冯某松操作起重机进行钢筋吊运作业,工作完成后将起重机停放在3号生产线离轨道事故端116m处,停机后没有将夹轨器放下并夹紧轨道。至事故发生前,事故起重机没有作业。

4月13日2时起,广东省受到一条长约500 km的飑线影响,出现了8~10级、阵风11级以上的强对流天气影响。5时38分许,飑线弓状回波顶突袭事发地,风力迅速增大,阵风达到10~11级。在风力作用下,起重机沿轨道向生活区集装箱组合房方向移动并逐渐加速,速度超过可倾覆的临界速度,到达轨道终端时,撞击止挡出轨遇到阻碍,整机向前倾覆。倾覆后的起重机压塌部分集装箱组合房,造成居住在集装箱组合房内的人员重大伤亡。

二、事故原因

(一)直接原因

起重机受风力作用,移动速度逐渐加大,最后由于速度快、惯性大,撞击止挡出轨遇阻碍倾覆,而住人集装箱组合房恰处于起重机倾覆影响范围内。

(二)间接原因

(1)某预制构件厂特种设备使用管理不到位,安全生产主体责任不落实。

(2)中交第四航务工程局有限公司第一工程有限公司对某预制构件厂安全生产工作疏于管理,安全生产责任制落实不到位。

(3)中交四航工程局有限公司安全生产责任制落实不到位,对下属单位落实安全生产法律法规工作督促指导不力。

(4)东莞市质量技术监督局对事故发生单位特种设备安全监管不力。

(5)东莞市麻涌镇经济科技信息局(质量技术监督工作站)自2015年以来从未对事故发生单位进行检查,未能发现事故发生单位存在的未建立健全特种设备岗位责任等问题。

(6)东莞市城市综合管理局麻涌分局未按照上级检查规范执行监督检查,对辖区企业内部监督检查履职不到位。

三、防范措施

(1)起重机使用单位要严格落实起重机安全管理各项制度,加强起重机安全管理。

(2)各类工程建设单位要加强施工现场集装箱组合房、装配式活动房等临建房屋(宿舍、办公用房、食堂、厕所等)的安全管理,规范施工现场临时建设行为。

(3)各地、各部门和单位要加强灾害性天气安全防范。

(4)加强外包工程安全管理。

(5)加强中央驻粤企业安全生产工作。

点评:起重伤害事故的主要原因、防范措施和应急处置

一、起重伤害事故原因

(1)重物坠落。吊索、吊具损坏,浮动物件捆绑不牢,挂钩不当,起升机构的零件故障(特别是制动器失灵、钢丝绳断裂)等引发的物体打击伤害事故。

(2)挤压。起重机轨道两侧缺乏良好的安全通道或与建筑结构之间缺少足够的安全距离,起重机在走行时对人体造成夹挤伤害。走行机构的制动器失灵引起溜车,造成挤压伤害事故等。

(3)高处坠落。人员在离地面大于 2 m 的高度进行起重机的安装、拆卸、检查、维修或操作等作业时,从高处跌落造成伤害事故。

(4)其他伤害。上下梯子不注意,导致扭伤、跌伤等伤害事故。

二、起重伤害事故的主要防范措施

(一)起重作业前的安全防范措施

(1)加强起重作业人员机械安全常识、安全操作规程的教育培训,提高其自我防护意识和安全操作技能。起重作业人员属于特种作业人员,必须按照国家有关规定经专门的安全作业培训、取得特种作业操作资格证书,方可上岗作业。

(2)做好起重设备的各项安全检查,重点检查设备安全部件、检测情况、设备完好状况;禁止使用国家明令淘汰的设备。

(3)定期对起重设备进行维修保养,完善各类安全防护装置,按规定对起重设备进行强制性检测,从本质上消除安全隐患,保证设备

处于完好状况。起重机械应设有能从地面辨别额定荷重的铭牌,严禁超负荷作业。

(4)埋设于建筑物上的安装检修设备或运送物料用吊钩、吊梁等,设计时应考虑必要的安全系数,并在醒目处标出许吊的极限载荷量。

(5)桥式起重机应安装以下安全装置并保证良好有效:超载限制器、升降限位器和运行限位器、联锁保护装置、缓冲器、防冲撞装置、轨道端部止挡、登吊车信号装置及门联锁装置等。

(6)加强起重作业人员的持证上岗管理,起重设备使用监督检查,消除违章指挥和违章操作行为。每班第一次工作前,应认真检查吊具是否完好,并进行负荷试吊,即将额定负荷的重物提升离地面0.5 m的高度,然后下降以检查起升制动器工作的可靠性。起重机车运行前,应先鸣铃,运行中禁止吊物从人头上经过,严格执行"十不吊"。

(7)在起重机上,凡是高度不低于2 m的一切合理作业点,包括进入作业点的配套设施,都应予以防护,设置防护栏杆,且栏高不低于1.05 m。

(8)起重机械电气设备金属外壳、电线保护金属管、金属结构等按电气安全要求,必须连接成连续的导体,可靠接地(接零),通过车轮和轨道接地(接零)的起重机轨道两端应采取接地或接零保护,轨道的接地电阻及起重机上任何一点的接地电阻均不得大于4 Ω。

(9)一般情况下不得使用两台起重机共同起吊同一重物。在特殊情况下,确实需要两台起重机起吊同一重物时,重物及吊具的总重量不得超过较小一台起重机的起吊额定重量的2倍,并应有可靠的安全措施,工厂技术负责人须在场监督。

(二)起重作业中的安全防范措施

(1)进入起重机作业现场必须戴好安全帽,并应每天定期检查吊索、吊具、主副卷钢丝绳及制动器,确保安全可靠。起重机在吊物或抓料过程中,严禁人员从下方经过。

(2)起重机作业时,严禁人员在轨道两侧狭小地方行走,检修时必须停机进行,以防发生挤伤事故。

(3)起重机作业时,严禁人员在大、小车轨道两侧行走,检修时必须系好安全带,以防发生高处坠落事故。

(4)起重机发生故障时,必须停电,挂"有人检修,禁止合闸"的警示牌后,再进行处理,并要保持各线路绝缘完好,发现漏电严重时,应通知专业人员处理,以防发生触电事故。

(5)上下车必须手扶扶手走安全通道,天车作业时不得强行上车。工作中严禁嬉戏打闹,地面上的油污应及时清理,以防滑倒跌伤。

三、起重伤害事故的应急处置

(1)发生事故并造成人员受伤后,必须立即停止起重作业,向周围人员呼救,并报告现场负责人。同时拨打120急救电话,通话时应注意说明受伤者的人数、受伤部位和受伤情况,发生事件的具体地点及联系人的电话。

(2)应急自救小组到达事故现场后,立即实施现场处置工作,最大限度地减少人员伤害和财产损失。对较轻的受伤人员,视伤情及时采取止血、包扎、固定等措施,送往医院治疗。

(3)人员被压在重物下面,立即采取搬开重物或使用起重工具、机械吊起重物,将受伤人员转移到安全地带,进行抢救。

(4)发生触电时,应立即切断起重机械电源,然后抢救触电人员。

(5)受伤人员出现呼吸、心跳停止症状后,必须立即进行心脏按压或人工呼吸。

(6)应急处置结束后,应急自救小组应做好事故现场的保护、勘查;配合有关部门做好事故原因的调查取证工作。

（7）起重机械的修复应由具有相关资质的人员进行,检查正常后,可恢复使用。

（阴登科:河南省普泰安全科技有限公司培训一部主任。）

第五章 触电事故(王毅点评)

触电:指电流流经人体,造成生理伤害的事故。适用于触电、雷击伤害。如:人体接触带电的设备金属外壳、裸露的临时线或漏电的手持电动手工工具;起重设备误触高压线或感应带电;雷击伤害;触电坠落等事故。

案例一 中储粮某直属库兴粮分库"7·23" 触电较大事故

2016 年 7 月 23 日 11 时 20 分左右,中央储备粮某直属库兴粮分库墙体粉刷作业人员推移动操作平台进兴粮分库区时发生一起触电事故,造成 3 人死亡、1 人受伤,直接经济损失约 297 万元。

一、事故发生经过

2016 年 7 月 23 日 11 时 20 分左右,北京森桦建业防水工程有限公司(施工单位)谢某江和施工队现场施工作业人员李某平、张某魁、陆某海、卢某伟 4 人在完成北小库区仓房墙体的粉刷工作后,推移动脚手架回兴粮分库库区,当走到库区北门前(门垛宽度 17.2 m,门扇宽度 8.1 m),北侧水平距离 7 m 左右处,在调整移动操作平台架体时,移动式操作平台架体上部触碰到粮库门外高压线,导致 4 人触电。某县 120 急救人员和德州市第二人民医院急救人员先后赶到事故现场并进行了急救,但 3 人送往某县医院时已无生命体征,李某平被送往德州市第二人民医院救治,后脱离生命危险。

二、事故原因

(一)直接原因

谢某江施工队现场施工作业人员违章操作,致使推动的移动式操作平台触及里北 5514 线路油库支线 08 号杆至国源石油分支 01 号杆之间 10 kV 裸铝线高压线,是导致触电事故发生的直接原因。

(二)间接原因

(1)谢某江施工队现场施工人员未取得相应的资质,违规推动超标准高度的移动式操作平台且未佩戴劳动防护用品。

(2)北京某公司以收取管理费的方式将资质出租给不具备任何资质的社会自然人谢某江,造成工程项目施工过程中的安全监管失控。资质出租后未对项目进行统一的安全管理,项目经理长期未到岗履职,专职安全员履职不到位。对粉刷的作业条件、周围环境及危险源未进行有效的辨识、监测和监控,未制定有效的安全防范措施。

(3)中央储备粮某直属库(建设单位)对北京某公司出租资质情况失察,对项目经理长期未到岗履职、专职安全员履职不到位失察,对施工人员无资质施工失察。未向属地住建部门申请办理施工许可证,允许北京某公司施工,造成非法施工。

(4)某县里老乡党委、政府履行属地安全监管责任不到位。对某直属库非法施工失察,安全生产监督检查不到位,对“打非治违”的职责履行不到位。

(5)某县城乡和建设管理局与规划局履行行业监管职责不到位。对某直属库兴粮分库仓房及铁路罩棚外墙粉刷项目应备案未备案、未办理开工手续施工问题失察,监督检查不到位,对“打非治违”的职责未履行到位。

(6)某县粮食局履行行业管理职责不到位。未按照“三个必须”的要求落实监管责任,安全生产监督检查、督促落实不到位。

(7)某县政府对有关部门和里老乡安全生产工作督促指导不到位。

三、整改措施

(1)北京某公司要严格履行安全生产主体责任,杜绝非法转包、分包、出租、出借资质行为。

(2)中央储备粮某直属库要依法落实企业安全生产主体责任,深刻吸取事故的惨痛教训,切实加强工程项目管理,解决管理粗放、有章不循等问题,建立严格的承包企业工程项目分包准入制度并实施有效监管。

(3)某县城乡建设局、粮食局等相关部门要严格按照安全生产"党政同责、一岗双责"和"三个必须"的要求,强化对分管领域和行业安全生产的管理,做到隐患排查治理动态归零,真正建立起安全隐患排查治理工作制度化、常态化、长效化机制。

(4)某县各级党委政府要进一步强化对基层"打非治违"工作的组织领导,广泛发动群众参与,落实奖惩措施,对非法违法生产经营建设行为形成震慑作用,营造良好的安全生产环境。

点评:触电事故原因、预防措施及应急处置

触电事故是指外部电流经过人体,造成人体器官组织损伤乃至死亡的事故。触电分为电击和电伤两类:电击是指电流通过人体内部,影响呼吸、心脏和神经系统,造成人体内部组织损伤甚至致人死亡的触电事故;电伤是指电流通过人体表面或人体与带电体之间产生电弧,造成肢体表面灼伤的触电事故。

在触电事故中电击和电伤会同时发生,所以通常所说的触电事故基本上是指电击。人体触及带电体引起触电主要有三种不同的情况:单相触电、两相触电和跨步电压触电。

一、触电事故的原因

(一)缺乏电气安全知识或对电的知识一知半解

(1)使用没有绝缘能力的工具,盲目检修(安装)电气设备。

(2)任意用铜(铁)丝代替保险丝,使之失去保险作用。

(3)随意改变电气线路接线或乱接临时线路。

(4)用非绝缘胶布包裹导线接头。

(5)将单相或三相插头的接地端误接到相线上,使设备外壳带电。

(6)装接"一火一地"照明或单相用电设备。

(7)赤手拉拽绝缘老化或破损的导线。

(8)使用一类手持电动工具而未配备漏电保护器和绝缘手套。

(二)工作中不顾安全,违反操作规程

(1)检修电气设备时,没有正确穿戴防护用品,检修前又未进行验电或虽经验电,但未采取可靠的安全措施。

(2)在检修线路时,不遵守操作规程和检修制度。如:约时停送电、未在规定的地方挂警示标志等。

(3)在架空线路下建造房屋或进行起吊作业,未采取安全措施,误触到架空电源线。

(4)为了抢任务或图省事,违章指挥、违章作业、冒险蛮干。

(三)电气设备、线路设计或安装不符合安全要求,或对隐患整改不及时

(1)未按规定架设线路,电杆和导线的机械强度不够,导线接头处连接不牢或电杆已出现裂纹造成断杆断线。

(2)导线绝缘老化、破损或屏护不符合要求,致使人员误触带电部分。

(3)电气设备的金属外壳未采取可靠的接地(零)措施或接线松脱、接触不良;电气设备绝缘损坏,导致外壳漏电。

(4)高压线断落地面可能造成跨步电压触电等。

(四)其他

(1)安全教育不够、思想麻痹、安全意识淡薄。

(2)对主接线和设备原理、结构不十分清楚。

(3)休息不好、心情不好、匆忙下班。

(4)没有严格按照"四不放过"原则处理事故。

二、防止触电事故的措施和对策

(1)接地、接零完好。在规定的设备、场所必须安装漏电保护器。

(2)电气设备设施绝缘良好。一些特殊场所和设施必须使用安全电压。

(3)带电体应设置有效的屏护和安全距离。

(4)设置防止误操作、误入带电间的安全连锁保护装置。一旦误入跨步电压区,双脚不要同时落地,最好一只脚跳着朝接地点相反的地区走,逐步离开跨步电压区。

(5)严格执行对操作票的审查、复核、批准制度和程序,以减少因操作票错误而导致的误操作。特别要注意,凡是可能来电的方向(含自备电源)都要采取安全措施。

(6)把保证安全的组织措施、技术措施及安全操作规程张贴到班组。

(7)严格执行电气安全操作规程。

(8)熟悉所管设备的原理、结构、性能,以及所在企业、车间变电所的主接线及运行方式。

(9)加强专业技术业务培训、学习、考试考核。

(10)加强安全思想教育,强化安全意识,消除麻痹思想。

(11)值班人员应注意休息,保持最佳心态工作。

(12)发生事故后,按照"四不放过"原则进行严肃处理。

(13)正确佩戴劳动防护用品。

（14）各车间、班组每年定期举行 1~2 次反事故演习和安全生产自查工作。

三、触电事故现场应急处置措施

(一)脱离电源

电流作用的时间越长,伤害越重,所以在发生触电事故后,应采取一切安全、可靠的手段迅速切断电源以解救触电者。使触电者脱离电源的方法包括以下几点:

1. 低压触电事故脱离电源的方法

（1）立即拉开电源开关或拔除电源插头,用有绝缘柄的电工钳或有干燥木柄的斧头切断电源,断开电源。

（2）用带有绝缘胶柄的钢丝钳、绝缘物体或干燥不导电物体等工具将触电者迅速脱离电源。

2. 高压触电事故脱离电源的方法

（1）立即通知有关供电企业或用户停电。

（2）带上绝缘手套,穿上绝缘靴,用相应电压等级的绝缘工具按顺序拉开电源开关或熔断器。

（3）抛掷裸金属线使线路短路接地,迫使保护装置动作,断开电源。

(二)脱离电源后的处理

触电者脱离电源以后,现场救护人员应迅速对触电者的伤情进行判断,根据触电者神智是否清醒、有无意识、有无呼吸、有无心跳(脉搏)等伤情对症抢救。同时设法联系医疗救护中心(医疗部门)的医生到现场接替救治。

1. 判断触电者意识

（1）轻轻拍打伤员肩部,并高声呼叫。无反应时,立即用手指甲掐压人中穴、合谷穴约 5 秒。伤者如出现眼球活动、四肢活动及疼痛感后,应立即停止掐压穴位。

（2）呼救。一旦初步确定伤员神志昏迷,应立即召唤周围的其他人员前来协助抢救。叫来的人除协助做心肺复苏外,还应立即打电话给医疗部门或呼叫受过救护训练的人前来帮忙。

（3）使伤员仰卧,头、颈、躯干平卧无扭曲,双手放于两侧躯干旁。

（4）当发现触电者呼吸微弱或停止时,应立即通畅触电者的呼吸道(气道)以促进触电者呼吸或便于抢救。

（5）在通畅呼吸道后,保持开放气道位置,用看、听、试的方式判断触电者是否有呼吸。有呼吸者,注意保持气道通畅;无呼吸者,应立即进行口对口人工呼吸。

（6）检查伤员有无脉搏,判断伤员的心脏跳动情况。综合触电者的情况判定:触及波动,有脉搏、心跳;未触及波动,心跳已停止。如无意识、无呼吸、瞳孔散大、面色紫绀或苍白,再加上触不到脉搏,可以判定心跳已经停止。

不同状态下触电者的急救措施参见表2-5-1。

表2-5-1

神志	心跳	呼吸	对症救治措施
清醒	存在	存在	静卧、保暖、严密观察
昏迷	停止	存在	胸外心脏按压术
昏迷	存在	停止	口对口(鼻)人工呼吸
昏迷	停止	停止	同时做胸外心脏按压和口对口(鼻)人工呼吸

（7）当判定伤员确实不存在呼吸时,应保持气道通畅,立即进行口对口(鼻)人工呼吸。

（8）手握空心拳,快速垂直击打伤员胸前区,力量中等。

（三）现场心肺复苏

若以上措施实施后伤者仍无呼吸和心跳,应立即进行心肺复苏并反复循环进行,其间用看、听、试的方法对伤员呼吸和心跳是否恢复进行判定,并观察瞳孔、脉搏和呼吸情况,直到触电者心肺恢复或专业医务人员到来交接。

(四) 注意事项

(1)急救成功的关键是动作快,操作准确。任何拖延和操作错误都会导致伤情加重或死亡。

(2)现场作业人员应该定期接受培训,学习紧急救护方法。会正确解脱电源,会心肺复苏法,会止血、包扎,会转移搬运伤员,会处理急救外伤等。

(3)生产现场和经常有人工作的场所应配备急救箱,存放急救用品,并应指定专人对这些急救用品经常检查、补充或更换。

(4)救护触电者时,要注意救护者和被救者与附近带电体之间的安全距离,防止再次触及带电设备,即使电源已断开,对未做安全措施或已挂设接地线的设备也应视作带电设备。

(5)当触电者在杆塔上或高处时,救护者登高时应随身携带必要的绝缘工具和牢固的绳索等,并采取防止坠落的措施救下触电者。

(6)如事故发生在夜间,应设置临时照明灯,以便于抢救,避免意外事故的发生。

(7)操作救护人员在使触电者脱离电源之前,应采取可靠措施切断电源,并将电源线挑离,确保操作区域安全,防止人员再次触电。

(8)判断触电者意识时,拍打伤员肩部不可用力太重,以防加重可能存在的骨折等损伤。

(王毅:郑州航空港兴港电力有限公司副总经理、高级工程师。)

第六章　淹溺事故(姚利民、张文华点评)

淹溺:指因大量水经口、鼻进入肺内,造成呼吸道阻塞,发生急性缺氧而窒息死亡的事故。适用于船舶、排筏、设施在航行、停泊、作业时发生的落水事故。人体落入水中造成伤害的危险,包括高处坠落淹溺,不包括矿山井下透水等的淹溺。

案例一　山东济南槐荫区阳光100小区浙江某水务有限公司"8·4"较大淹溺事故

2017年8月4日上午12时许,浙江某水务有限公司济南办事处售后维修人员,在济南槐荫区阳光100国际新城五期污水提升池进行水泵维修作业时,发生一起3人中毒溺水死亡事故,直接经济损失约500余万元。

一、事故发生经过

2017年8月1日,济南万怡物业服务有限公司员工发现阳光100国际新城五期K9号楼西北侧排污井水泵不工作,物业外勤主管王某联系浙江某水务有限公司济南办事处业务员鲁某柱,让其派人维修。

8月2日,某水务济南办事处售后主管刘某科、张某、鲁某柱3人来到现场查看情况,晚上11时30分离开。

8月3日下午2时许,刘某科、张某、荆某硕3人再次来到现场进行排放污水作业。当晚7时许,王某让夜班员工王某禄给维修污水泵的现场送4个沙袋,王某禄到现场时,看到3名维修人员还没有下到井内作业。

8月4日上午6时50分,王某禄去污水井维修现场,未见到维修人员,防护服、口罩、维修工具都放在污水井边,发现井内污水已经漫上来,于8时20分向王某报告。10时30分,王某给鲁某柱打电话询问水泵是否修好,10时50分鲁某柱给王某回电话说自己不在现场。12时许,鲁某柱赶到现场,没看见刘某科、张某、荆某硕3人,打电话发现手机放在井边水泥台上,现场还有两件防护服、两个口罩,井里漂着一只拖鞋,就报了警。

接到报警后,市政府分管领导、市应急办、市安监局、市消防支队、槐荫区政府和有关部门领导相继赶到现场,组织指挥专业人员采取排水、通风等措施开展救援,下午3时15分,救援人员分别将刘某科、张某、荆某硕从污水井中救出,经确认,3人均无生命体征。

9月12日,济南市公安局槐荫区分局刑事警察大队技术中队《法医学死体鉴定书》结论证明:死者3人生前有吸入甲烷、一氧化碳和硫化氢气体的情况存在;死者3人胃内容物中含有砂石、煤渣等杂物,符合生前溺水死亡特征。

11月27日,济南市公安局槐荫区分局组织多名专家召开研判分析会,分析污水池中有毒气体与3名死者因生前溺水死亡之间的关系。经分析论证认为3名死者是吸入含有硫化氢成分的气体中毒后溺水死亡。

二、事故原因

(一)直接原因

刘某科、张某、荆某硕违反有限空间作业安全管理规定和操作规程,违规进入未经检测的、有毒有害气体严重超标的污水井内作业,造成中毒溺水死亡。

(二)间接原因

(1)济南万怡物业服务有限公司安全生产主体责任不落实,未严格落实有限空间作业有关规定和操作规程,特别是未严格落实有限空间作业审批制度;未安排监护人员现场值守,现场监护环节缺失;未采取有效措施完全阻断污水源头,致使工人在维修作业时井内污水不断聚集。

(2)浙江某水务有限公司安全生产主体责任不落实,未落实有限空间作业管理规定和操作规程;未对办事处售后维修人员进行有限空间作业培训,未按规定配备必要的气体检测仪器;未按规定配备符合标准的劳动防护用品。

(3)槐荫区住房保障和房产管理局未认真贯彻落实上级和行业主管部门关于有限空间作业有关规定和操作规程文件精神,未对涉事企业有限空间作业进行有效监督检查。

三、整改措施

(1)强化政府监管,落实属地责任。

(2)严格履职尽责,强化行业安全监管。各级建设、水利、房管、水务、市政等行业主管部门,要严格履行行业管理职责,加强对涉及有限空间作业项目的专项检查,对拒不遵守有限空间作业安全管理规定和操作规程的企业,要严肃处理,严防此类事故发生。

(3)健全落实有限空间作业制度,严防类似事故重复发生。浙江某水务有限公司和济南万怡物业服务有限公司要深刻吸取此次事故教训,严格按照山东省地方标准《工贸企业有限空间作业安全规范》(DB 37/T 1933—2011)进行作业。所有涉及有限空间作业的企业,作业前必须认真进行环境评估,分析存在的危险有害因素,提出消除和控制各类危害因素的措施,制订作业方案,并经本企业负责人批准后方可实施,要严格施工现场安全监护,规范员工安全生产行为,杜绝“三违”问题,严防此类事故再次发生。

点评:淹溺事故的特点、防范措施和现场应急处置

一、事故类型及危害

(1)人员淹溺事故是指人员淹没在水里,造成伤亡的事故。

(2)淹溺危害是容易被人们忽视的一种伤害形式。发生淹溺时,可引起窒息缺氧,如合并心跳停止,可造成溺水死亡(溺死)。

二、淹溺事故的主要原因

淹溺事故的发生,多数原因是缺乏安全意识和作业人员站位不当,工作时不慎掉入池中,造成溺水;工作信息联系不当,造成溺水;作业现场存在安全隐患,缺少防护或防护设施不达标,人员摔倒掉进池内,造成溺水。

除此之外,倒班作业也可能发生淹溺事故。夜间换班作业,照明不良,作业人员本人未对作业地点及周边环境进行危险源辨识,白班作业人员交班时未对接班人员交代可能发生的淹溺危害。

三、事故前可能出现的征兆

(1)当地气象局有大风预警报告。

(2)天气明显变化,风力有明显加强趋势。

(3)违规进入水中游泳、岸边戏水。

(4)人员上下船通道(船梯或木板)下面没有布设安全网。

(5)作业人员未按规定穿救生衣。

四、淹溺事故的预防措施

(1)完善易造成溺水区域内的安全设施,并应全面达到或超过国家标准,消除作业现场的安全隐患。

(2)操作人员应严格按照规程操作,避免不良环境导致的强迫

体位。

（3）作业前应做好信息沟通工作,并设有专人监护,防止因误动作而引发的溺水事故。

（4）危险源监控。结合实际制定淹溺事故的有效预防和预警、处置措施,在易发生事故的位置设置警示标识,提示易发生事故的季节,提醒教育职工。

（5）预警行动。通过开会强调、宣传专栏、危险区域设置警示牌、板报、下发通知等方式,在易发生淹溺事故的季节和区域发出预警。

（6）注意事项:

①水上作业、甲板上临边操作的人员必须正确穿救生衣。

②临水作业时的风力等级不得超过6级,超过6级停止作业。

③临边、临水作业区,无围蔽措施处须设立明显的警示标志。临水作业点放置一定数量的救生圈。

④严禁单独水上作业。

⑤乘坐交通船的人员上船后,要坐下或蹲下,手扶船上固定物(栏杆),不准嬉闹,遇到大风浪时,不能走到同一侧,船未停稳不得上下。

⑥船舶靠泊、移船、定位带缆作业时,人员要站在安全位置并站稳,防止船舶碰撞瞬间站立失稳掉海。

⑦定期检查船体状况及安全设施齐备情况,保证船舶安全适航。

⑧倒班作业,交接班一定交接危险源变化情况。

五、信息报告程序

（1）当发生险情时,发现人员立即组织危险区域人员撤离,并迅速报告应急自救领导小组。应急自救领导小组应迅速评估险情,判断是否启动现场处置方案,同时上报企业事故应急救援指挥部办公室,确定等级并上报属地应急指挥机构。

（2）现场人员应采用喊话或其他方式疏散人员,并使用电话向外界报警。

（3）事故现场应急救援指挥部应及时与地方政府、应急救援队伍、医院等相关部门取得联系，确保 24 小时联络畅通。

（4）事故现场应急救援指挥部通过上述联络方式向有关部门报警。报警的内容主要是：事故发生的时间、地点，造成的损失（包括人员受灾情况、人员伤亡数量，已采取的处置措施和需要救助的内容。）

六、淹溺事故现场处置方案

（一）施救人员救护措施

（1）第一个发现有人落水的人员应及时进行施救，立即向落水者下游、下风或附近抛下带救生绳的救生圈，并把绳头留在手上，同时大声通知附近人员或船只协助救援。可能时，直接救落水者脱险。

（2）现场负责人听到有人落水的消息，应立即组织抢救并通知部门负责人。

（3）如落水者落水后晕迷或受伤，施救人员下水施救时，应穿好救生衣，系上救生绳。接近伤者后，仰面托起受伤者头部，把伤者救离水面后，立即根据伤情给予现场抢救。

（二）落水人员自救措施

（1）人员一旦落水，浮升到水面后，应大声呼救，可能情况下，尽量抓住固定物，避免漂远或被海浪打向岸边。但要注意身体不要碰撞固定物。

（2）落水人员如被压船底，应手托船底板，设法顺流游离船底。

（3）落水人员在待救时，要背向风浪，防止呛水。

七、溺水者的急救注意事项

（1）保证救援人员自身的安全，严防盲目施救导致事故扩大。

（2）在就近安全地带紧急抢救受伤人员，必要时及时转送医院救治。

（3）迅速清除呼吸道异物，溺水者从水中被救起后，呼吸道常被呕吐物、泥沙、藻类等异物阻塞，故应以最快的速度使其呼吸道通畅，并立即将患者置于平卧位，头后仰，抬起下颏，撬开口腔，将舌拉出，清除口鼻内异物。如有活动假牙也应取出，以免坠入气管；解除紧裹的内衣、腰带等。在迅速清除口、鼻异物后，如有心跳，可由专业救护人员进行控水处理。

（4）控水处理是指采用头低脚高的体位将肺内及胃内积水排出。也可将其腹部置于抢救者屈膝的大腿上，使头部下垂，然后用手平压其背部，使气管内及口咽的积水倒出；还可利用小木凳、大石头、倒置的铁锅等物做垫高物。在此期间，抢救动作一定要敏捷，倒水时间不宜过长（1 分钟即够），以能倒出口、咽及气管内的积水为度，如排出的水不多，应立即采取人工呼吸、胸外心脏按压等急救措施。一旦患者的气道开放，即可采用口对鼻呼吸取代口对口呼吸，不必清除气道内误吸的水分。因为即使为湿性淹溺，大多数溺水者也仅误吸少量水，且很快被吸收入血，残留不多。切不可一味排"肺水"而延误复苏时机。

（5）人工呼吸与胸外心脏按压首先要判断有无呼吸和心跳，同时可触摸颈动脉，看有无搏动。若呼吸已停止，应立即进行持续人工呼吸。方法以俯卧压背法较适宜，有利于肺内积水排出，但口对口或口对鼻正压吹气法最为有效。如溺水者尚有心跳，且较有节律，也可单纯做人工呼吸。如心跳也停止，应在人工呼吸的同时做胸外心脏按压。胸外心脏按压次数为 100 次/分钟。人工呼吸必须持续至自主呼吸完全恢复后方可停止，至少坚持 120 分钟以上，切不可轻言放弃。

（6）现场急救后，即使淹溺者自主心搏及呼吸已恢复，但因缺氧的存在，仍需送医院进一步观察 24~48 小时。

（7）现场急救结束。现场施救处置结束后由应急办公室提出整改意见和防范措施，并组织对事件的调查，得出报告和结论，按事故责任划分，对相关的责任人提出处理意见。

（姚利民：国家濮阳经济技术开发区应急管理局局长，国家注册安全工程师；张文华：国家濮阳经济技术开发区应急管理局副局长，经济师。）

第七章　灼烫事故(艾进忠点评)

灼烫:指强酸、强碱溅到身体引起的灼伤,或因火焰引起的烧伤,高温物体引起的烫伤,放射线引起的皮肤损伤等伤害。适用于烧伤、烫伤、化学灼伤、放射性皮肤损伤等伤害。不包括电烧伤以及火灾事故引起的烧伤。

案例一　河北泊头市某冶金机械有限公司"6·21"较大灼烫事故

2016年6月21日13时40分,泊头市某冶金机械有限公司(简称益和公司)发生一起灼烫事故,造成5人死亡、2人受伤,直接经济损失500余万元。

一、事故发生经过

2016年6月21日12时30分左右,泊头市某冶金机械有限公司法定代表人王某升、铸造车间主任胡某松带领毛某行、曹某州、金某有、王某峰、林某旺、张某虎等6名工人开始试制一种新型复合轧辊(用两种不同成分的金属铸成)。炉工毛某行负责操作电炉熔炼金属,王某峰负责操作桁车吊运装满金属液体的钢包,张某虎负责操控离心机,曹某州负责稳定钢包,金某有负责摇动钢包浇铸。13时40分左右,在浇铸完第一包合金金属液体、第二包普通金属液体约剩余50千克左右时,因高速旋转导致自行设计制造的工装模具侧盖连接耳处开裂,高温金属液体在离心力的作用下突然外泄,致王某升、曹某州、金某有、胡某松、王某峰、林某旺、张某虎7人烫伤。

事故发生后,益和公司刘某迎听到现场人员呼救后,急忙赶到现场组织抢救,拨打了 120 急救电话和 119 火警电话,先后安排司机蒋某保、会计戈某芬等人把伤员全部送至沧州市二医院救治。当天张某虎转至中国人民解放军总医院第一附属医院救治;第二天,曹某州、金某有、王某升转至天津第四医院救治,胡某松、王某峰、林某旺转至沧州市中心医院救治,王某峰后又转至北京医院救治。曹某州、金某有经医院救治无效分别于 6 月 30 日凌晨、6 月 30 日上午 9 时死亡;王某升、王某峰、张某虎分别于 7 月 2 日、7 月 11 日、7 月 14 日死亡。依照国家有关规定进行统计,事故发生后一个月内共有 5 名伤者医治无效死亡,2 人受伤,直接经济损失 500 余万元。

二、事故原因

(一)直接原因

泊头市某冶金机械有限公司自行设计制作的工装模具侧盖连接耳焊接强度不足,小于离心浇铸时产生的向外推力;当金属液体注入工装模具后,离心浇铸所产生的向外推力引起连接耳处开焊断裂,导致工装模具侧盖外移,发生高温金属液体外泄是本次事故发生的直接原因。

(二)间接原因

(1)泊头市某冶金机械有限公司安全管理混乱。在新产品试制过程中未按有关技术要求进行规范设计、审核和试车,而是仅凭经验估算,盲目设计、制作工装模具,在未经任何测试试验的情况下盲目试生产导致事故发生;安全生产责任制不完善,未配置专职或者兼职的安全生产管理人员,特种作业人员无证上岗作业;安全教育培训不到位,只对工人进行口头培训,未组织从业人员进行三级安全教育和考试。

(2)泊头市经济开发区管委会对辖区内安全生产工作组织领导不力,督导企业落实安全生产主体责任不到位。

三、整改措施

（1）泊头市某冶金机械有限公司要在今后技术改造,使用新产品、新工艺时聘请有专业资质的机构或人员进行设计、审核、试车;要针对企业特点和各个作业场所的特殊性,切实加强员工的安全教育培训工作,不断强化从业人员的安全意识、责任意识,杜绝冒险进入危险区域作业。

（2）泊头市某冶金机械有限公司要按照相关法律法规、标准和规范性文件的规定和要求,结合自身安全生产特点,采取有效措施,不断优化企业的各项规章制度、安全生产责任制度和安全操作规程;要健全安全生产责任体系,严格落实企业的安全生产主体责任,杜绝生产安全事故的发生。

点评:灼烫事故发生的起因、预防和应急处理

一、灼烫事故的危害

被化学物质灼伤的皮肤会出现肿胀、变色、流液,伤及真皮组织,严重者会影响内脏器官。对于大面积烧伤者,因剧痛及大量血液渗出创面,会引起感染,严重者会导致休克和败血症。灼烫损伤程度与接触时间、接触能量有关。接触时间越长,受伤越严重;接触能量越大,受伤越大;接触能量小,受伤就小。能量越集中,受伤越严重。

二、灼烫事故的"多发与高发区"

化工、冶金、有色金属行业在生产过程中,存在大量的高温介质、高温设备和管道,以及各种化学介质,是灼烫事故的多发和高发行业。由于金属冶炼行业存在大量的高温液体和高温设备及管道产生的高热,所以灼烫伤的重视程度比较高。但在石油化工行业,一般将

火灾爆炸、中毒窒息作为重点控制的事故类型。一般来说,石油化工行业发生的灼烫事故后果多数不太严重,轻微的烧烫伤居多,所以不容易引起重视,但这类事故发生的可能性很大,也有少数灼烫伤害较为严重,还存在因早期未处理或处理不当变得严重,比如伤口长期不愈合,愈合后产生严重的疤痕,甚至危及生命,灼烫伤害同样应该引起石油化工行业的高度重视。

灼烫伤害还存在于电焊、热切割环节。其实,灼烫伤害在各行各业普遍存在,比如职工洗澡的浴池存在高温的蒸汽设施和管道,供职工取饮水的锅炉、开水房,因此这类事故不可小觑。

三、灼烫事故发生的起因

(一)主要原因

(1)违章指挥导致的灼烫事故。"三违"是造成事故的罪恶之源,其中违章指挥最具有危害性。如某年8月16日10时,某冶炼厂107#矿热电炉停产洗炉,当班的工段长和技术员违章指挥吊车工将两个装有洗炉炉渣的渣包吊到104#炉水冲渣沟边,直接将热渣倾倒入水沟中,引起大爆炸,造成2人重伤、5人轻伤的灼烫事故。

(2)违章操作所致的灼烫事故。某年7月6日17时30分,某冶炼厂三车间冶炼工杨某,在302#炉眼吹氧开炉操作中,当时未装设安全防护挡板,又未佩戴防护面罩,被炉内返回的回火灼伤面部。

(3)炉内塌料喷溅引发的灼烫事故。电炉冶炼由于操作不当或生产工艺等原因,可能引发炉内物料沸腾、翻渣、塌料而造成热料四处喷溅导致人员灼烫事故。某年6月23日1时08分,某冶炼厂三车间冶炼工黄某,在检查302#炉冷却水系统中,由于该炉B相电极硬断电极过短,配电工在抬动B相电板操作中突然塌料,炉内大量热料喷射而出,在炉旁的黄某躲避不及,被喷溅出的热料灼伤左面部、双手背和双后腿。

(4)电极爆炸诱发的灼烫事故。某年8月10日8时35分,某冶炼厂五车间电焊工范某,在 503#炉 3 楼加糊平台焊接电极壳作业时,该炉 1#电极(2 楼)突然发生爆炸。爆炸产生的可燃气体沿电极瞬间冲上 3 楼电极壳平台,被正在作业的焊枪火源引燃,造成电焊工范某身体大面积灼伤,经转院抢救无效死亡。

(5)铁水包倾翻、铁水外溢险肇严重灼烫事故。某年 3 月 2 日中班,某冶炼厂 302#炉最后一包铁水在耙渣过程中,当副钩起升作业的一瞬间,铁水包西边吊耳与龙门钩脱挂,导致铁水包倾翻,铁水外溢爆炸而引发严重灼烫事故。

(6)生产作业现场环境状况不良导致的灼烫事故。某年 9 月 9 日 10 时 20 分,某冶炼厂一车间工艺员彭某为观察 105#炉 2#炉眼情况,当走到该炉浇铸间第一块热渣锭模旁时,因场地狭窄,物品堆放零乱,不慎滑跌,左脚踏入尚未冷却的热熔渣模块中,造成左脚面局部浅Ⅱ度灼伤。

(7)其他灼烫事故。某年 10 月 21 日 22 时 05 分,某冶炼厂一车间冶炼工石某,在浇铸间外面椅子上休息,不料被 8 米远处弹出的一块直径约 40 毫米的热铁渣击中左眼,造成左眼圈灼伤。

(二)石油化工行业灼烫事故发生的主要原因

石油化工生产过程中由于存在大量的高温介质和高温的设备表面,以及各种化学介质,极易发生灼烫事故。其主要原因是:

(1)生产中的高温介质或者设备产生的高热。生产和使用的各种高温物料(水、汽、烟气、高温介质等),因设备、管网、阀门等承压部件泄漏,隔热保温不好时,会发生烫伤事故。这类事故发生次数较多,由于事发突然,作业人员来不及防备,所以往往后果较为严重。

(2)化学物质释放的化学能。在生产过程中,化学药品使用或者管理不当,致使人体接触到这些化学物质时引起灼伤。在化验室化验过程中,化学灼伤也是经常出现的安全事故,皮肤或者眼睛内溅入浓酸、浓碱等化学药品和其他刺激性的物质可对皮肤和眼睛造成灼伤。

（3）光能、放射能等对人体造成的灼伤。如在检维修过程中，使用电气焊，眼睛被电焊弧光灼伤等。

四、灼烫事故的预防

（1）对于温度较高的生产介质、装置内的高温设备，以及管线的蒸汽保温管线，设置外保温措施。凡操作人员经常经过或有可能接触到的部位，按《石油化工企业职业安全卫生设计规范》（SH 3047—93）的要求，距地面或工作台高度 2.1 米以内，距操作平台周围 0.75 米以内的表面温度超过 60 ℃的设备和管道及阀门、法兰，以及低温设备、管线，设防烫伤隔热措施。当酸碱贮槽的槽口高于地面 1 米以上或与地面等高时，应在周围设防护栏并加设槽盖，以防人员跌入。

（2）加强设备管理。分析所发生的灼烫事故，由于设备故障，导致介质泄漏对人造成灼伤占有很大的比例。加强设备管理，减少泄漏的发生，是避免灼烫事故的重要预防措施。经验表明，员工巡检是及时发现问题和事故苗头的最重要手段，企业应该在职工日常巡检方面予以足够的重视。

（3）容器检修前，确保系统内所存的介质已放尽、压力到零；检修高温设备时，应待设备冷却后再作业；必须抢修时，应戴手套和穿专用防护服。

（4）作业时要注意站位，要避开介质可能喷泻的方向。如冲洗液位计时，应站在液位计的侧面。松解法兰时，不准正对法兰站立，防止残余介质喷出伤人。锅炉点火期间或燃烧不稳时，不得站在看火门、检查门或燃烧器检查孔正对面，以防火焰喷出伤人。开启锅炉看火门或检查门时，应缓慢小心，工作人员站在门后，并看好向两旁躲避的退路。

（5）作业人员必须熟悉操作规程、安全注意事项，了解所接触化学物品的物理和化学特性，了解化学物品与人体接触可能造成的灼伤和灼伤后的处理方法。

(6)防光能灼伤。观察锅炉燃烧情况时,须戴防护眼镜或用有色玻璃遮着眼睛;从事焊接、切割作业时,电焊工要使用符合防护要求的防护面罩和电焊护目镜片;在施工现场,尽量做好焊接、气割作业的现场保护或隔离,防止对自己或他人造成灼烫伤。

(7)高度重视个体防护。员工在劳动过程中应根据接触的职业危害因素合理使用劳动防护用品。从事危险化学品作业时,应穿戴好防护工作服,戴防护眼镜或防护面罩,使用安全工具;进行高温作业时,必须穿防烫工作服和工作鞋,戴好防烫手套和安全用具;在化学实验室应佩戴护目镜,防止眼睛受刺激性气体刺激,防止化学药品特别是强酸、强碱等溅入眼内。禁止用手直接取用任何化学药品,使用化学毒品时除用药匙、量器外必须佩戴橡皮手套,试验后马上清洗仪器用具,立即用肥皂洗手。

五、灼烫事故的应急处理

(一)一般烫伤事故的急救

人体被高温表面烫伤后,应用冷却水或冰水进行冷却,轻度烫伤需要持续冷却,如遇有衣服部位烫伤,应直接往衣服上浇水冷却,冷却后剪开或脱去衣服。当充分冷却伤处后,应用消毒纱布盖住患部,并接受治疗。在医生诊断前,不准涂抹药膏,以免感染。严重烫伤必须及时拨打120急救热线送医院急救。

(二)化学灼伤事故的急救

(1)对化学性皮肤烧伤,应立即移离现场,迅速脱去受污染的衣裤、鞋袜等,并用大量流动的清水冲洗创面20~30分钟(强烈的化学品要更长),以稀释有毒物质,防止继续损伤和通过伤口吸收。新鲜创面上不要涂抹油膏或红药水、紫药水,不要用脏布包裹。

(2)对化学性眼灼伤,一定要迅速用流动的清水进行冲洗,冲洗时将眼皮掰开,把裹在眼皮内的化学品彻底冲洗干净。现场若无冲洗设备,可将头埋入清洁盆水中,掰开眼皮,让眼球来回转动进行洗涤。若电石、生石灰颗粒溅入眼内,应先用蘸石蜡油或植物油的棉签去除颗粒后,再用清水冲洗。

(三)强酸强碱灼伤事故的急救

(1)强酸灼伤主要是由浓硫酸、盐酸、硝酸等引起的,灼伤深度与酸的浓度、种类及接触时间有关。现场处理:首先脱去被强酸类粘湿的衣物,迅速用大量清水冲洗,然后用弱碱溶液如5%小苏打液中和,最后再用清水冲洗干净。

(2)强碱烧伤主要由氢氧化钠、氢氧化钾、石灰等引起,强碱烧伤要比强酸对肌体组织的破坏性大,因其渗透性强,可以皂化脂肪组织,溶解组织蛋白,吸收大量细胞内水分,使烧伤逐渐加深,且疼痛较剧烈。现场处理:应立即用大量清水冲洗,然后用弱酸溶液如淡醋或5%氯化氨溶液中和,最后再用清水冲洗干净。

(3)石灰烧伤时应先将石灰清除后再用清水冲洗,防止石灰遇水后产生氢氧化钙而释放出大量热能,导致烧伤加重。

(四)紫外线灼伤事故的急救

紫外线灼伤主要是指电弧光对人的眼睛造成的伤害,严重的眼部有灼烧感和剧痛感,并伴有高度畏光、流泪等明显症状。受到紫外线灼伤后,急性期应卧床休息,并戴墨镜避光,然后用红霉素眼药水滴眼。如没有药物,也可用新鲜牛奶滴眼。

(艾进忠:濮阳市华龙区应急管理局党委书记、局长,国家注册安全工程师。)

第八章　火灾事故(王鹏选、李红博点评)

火灾:指造成人身伤亡的企业火灾事故。不适用于非企业原因造成的火灾,比如居民火灾蔓延到企业,此类事故属于消防部门统计的事故。

案例一　吉林省长春市某禽业有限公司"6·3"特别重大火灾爆炸事故

2013年6月3日6时10分许,位于吉林省长春市德惠市的吉林某禽业有限公司(简称某公司)主厂房发生特别重大火灾爆炸事故,共造成121人死亡、76人受伤(注:该公司共有员工430人),17 234平方米主厂房及主厂房内生产设备被损毁,直接经济损失1.82亿元(注:该公司资产总额6 227万元)。

一、事故发生经过

2013年6月3日5时20分至50分左右,某公司员工陆续进厂工作(受运输和天气温度的影响,该企业通常于早6时上班),当日计划屠宰加工肉鸡3.79万只,当日在车间现场人数395人(其中一车间113人、二车间192人、挂鸡台20人、冷库70人)。

6时10分左右,部分员工发现一车间女更衣室及附近区域上部有烟、火,主厂房外面也有人发现主厂房南侧中间部位上层窗户最先冒出黑色浓烟。部分较早发现火情的人员进行了初期扑救,但火势未得到有效控制。火势逐渐在吊顶内由南向北蔓延,同时向下蔓延到整个附属区,并由附属区向北面的主车间、速冻车间和冷库方向蔓延。燃烧产生的高温导致主厂房西北部的1号冷库和1号螺旋速冻机的液氨输送和氨气回收管线发生物理爆炸,致使该区域上方屋顶卷开,大量氨气泄漏,介入了燃烧,火势蔓延至主厂房的其余区域。

由于制冷车间内的高压贮氨器和卧式低压循环桶中储存有大量液氨,消防部队按照"确保液氨储罐不发生爆炸,坚决防止次生灾害事故发生"的原则,采取喷雾稀释泄漏氨气、水枪冷却贮氨器、破拆主厂房排烟排氨气等技术和战术措施,并组成攻坚组,在某公司技术人员的配合下成功关闭了相关阀门。

事故中,制冷机房内的 1 号卧式低压循环桶内液氨泄漏,其余 3 台高压贮氨器、9 台卧式低压循环桶及液氨输送和氨气回收管线内尚存储液氨 30 吨。在国家安全生产应急救援指挥中心有关负责同志及专家的指导下,历经 8 昼夜处置,30 吨液氨全部导出并运送至安全地点。

二、事故原因

(一)直接原因

某公司主厂房一车间女更衣室西面和毗连的二车间配电室的上部电气线路短路,引燃周围可燃物。当火势蔓延到氨设备和氨管道区域,燃烧产生的高温导致氨设备和氨管道发生物理爆炸,大量氨气泄漏,介入了燃烧。

造成火势迅速蔓延的主要原因:一是主厂房内大量使用聚氨酯泡沫保温材料和聚苯乙烯夹芯板(聚氨酯泡沫燃点低、燃烧速度极快,聚苯乙烯夹芯板燃烧的滴落物具有引燃性)。二是一车间女更衣室等附属区房间内的衣柜、衣物、办公用具等可燃物较多,且与人员密集的主车间用聚苯乙烯夹芯板分隔。三是吊顶内的空间大部分连通,火灾发生后,火势由南向北迅速蔓延。四是当火势蔓延到氨设备和氨管道区域,燃烧产生的高温导致氨设备和氨管道发生物理爆炸,大量氨气泄漏,介入了燃烧。

造成重大人员伤亡的主要原因:一是起火后,火势从起火部位迅速蔓延,聚氨酯泡沫塑料、聚苯乙烯泡沫塑料等材料大面积燃烧,产生高温有毒烟气,同时伴有泄漏的氨气等毒害物质。二是主厂房内逃生通道复杂,且南部主通道西侧安全出口和二车间西侧直通室外的安全出口被锁闭,火灾发生时人员无法及时逃生。三是主厂房内没有报警装置,部分人员对火灾知情晚,加之最先发现起火的人员没有来得及通知二车间等区域的人员疏散,使一些人丧失了最佳逃生时机。四是某公司未对员工进行安全培训,未组织应急疏散演练,员工缺乏逃生自救互救的知识和能力。

(二)间接原因

(1)某公司安全生产主体责任根本不落实。

(2)公安消防部门履行消防监督管理职责不力。

(3)建设部门在工程项目建设中监管严重缺失。

(4)安全监管部门履行安全生产综合监管职责不力。

(5)地方政府安全生产监管职责落实不力。

(三)事故性质

经调查认定,吉林省长春市某禽业公司"6·3"特别重大火灾爆炸事故是一起生产安全责任事故。

三、防范措施

(1)要切实牢固树立和落实科学发展观。

(2)要切实强化企业安全生产主体责任的落实。

(3)要切实强化以消防安全标准化建设为重点的消防安全工作。

(4)要切实强化使用氨制冷系统企业的安全监督管理。

(5)要切实强化工程项目建设的安全质量监管工作。

(6)要切实强化政府及其相关部门的安全监管责任。

(7)要切实强化对安全生产工作的领导。

案例二　天津港某物流公司"8·12" 特别重大火灾爆炸事故

2015 年 8 月 12 日,位于天津市滨海新区天津港的某国际物流有限公司(以下简称某物流公司)危险品仓库发生特别重大的火灾爆炸事故。

一、事故基本情况

(一)事故发生的时间和地点

2015 年 8 月 12 日 22 时 51 分 46 秒,位于天津市滨海新区吉运二道 95 号的某物流公司危险品仓库(北纬 39°02′22.98″,东经 117°44′11.64″)。运抵区最先起火,23 时 34 分 06 秒发生第一次爆炸,23 时 34 分 37 秒发生第二次更剧烈的爆炸。事故现场形成 6 处大火点及数十个小火点,8 月 14 日 16 时 40 分,现场明火被扑灭。

(二)事故现场情况

事故中心区为此次事故中受损最严重区域,该区域东至跃进路、西至海滨高速、南至顺安仓储有限公司、北至吉运三道,面积约为 54 万平方米。两次爆炸分别形成一个直径 15 米、深 1.1 米的月牙形小爆坑和一个直径 97 米、深 2.7 米的圆形大爆坑。以大爆坑为爆炸中心,150 米范围内的建筑被摧毁,东侧的某物流公司综合楼和南侧的中联建通公司办公楼只剩下钢筋混凝土框架;堆场内大量普通集装箱和罐式集装箱被掀翻、解体、炸飞,形成由南至北的 3 座巨大堆垛,一个罐式集装箱被抛进中联建通公司办公楼 4 层房间内,多个集装箱被抛到该建筑楼顶;参与救援的消防车、警车和位于爆炸中心南侧的吉运一道和北侧吉运三道附近的顺安仓储有限公司、安邦国际贸易有限公司储存的 7 641 辆商品汽车和现场灭火的 30 辆消防车在事故中全部损毁,邻近中心区的贵龙实业、新东物流、港湾物流等公司的

4 787 辆汽车受损。

爆炸冲击波波及区分为严重受损区、中度受损区。严重受损区是指建筑结构、外墙、吊顶受损的区域,受损建筑部分主体承重构件(柱、梁、楼板)的钢筋外露,失去承重能力,不再满足安全使用条件。中度受损区是指建筑幕墙及门、窗受损的区域,受损建筑局部幕墙及部分门、窗变形、破裂。

爆炸冲击波波及区以外的部分建筑,虽没有受到爆炸冲击波直接作用,但由于爆炸产生地面震动,造成建筑物接近地面部位的门、窗玻璃受损,东侧最远达 8.5 千米(东疆港宾馆),西侧最远达 8.3 千米(正德里居民楼),南侧最远达 8 千米(和丽苑居民小区),北侧最远达 13.3 千米(海滨大道永定新河收费站)。

(三)人员伤亡和财产损失情况

事故造成 65 人遇难(参与救援处置的公安现役消防人员 24 人、天津港消防人员 75 人、公安民警 11 人,事故企业、周边企业员工和周边居民 55 人),8 人失踪(天津港消防人员 5 人,周边企业员工、天津港消防人员家属 3 人),798 人受伤住院治疗(伤情重及较重的伤员 58 人、轻伤员 740 人);304 幢建筑物(其中办公楼宇、厂房及仓库等单位建筑 73 幢,居民 1 类住宅 91 幢,2 类住宅 129 幢,居民公寓 11 幢)损毁;12 428 辆商品汽车、7 533 个集装箱受损。

截至 2015 年 12 月 10 日,事故调查组依据《企业职工伤亡事故经济损失统计标准》(GB 6721—1986)等标准和规定统计,已核定直接经济损失 68.66 亿元。

二、事故原因

(一)直接原因

认定起火原因。硝化棉($C12H16N4O18$)为白色或微黄色棉絮状物,易燃且具有爆炸性,化学稳定性较差,常温下能缓慢分解并放热,超过 40 ℃时会加速分解,放出的热量如不能及时散失,会造成硝化棉温升加剧,达到180 ℃时能发生自燃。硝化棉通常加乙醇或水作湿润剂,一旦湿润剂散失,极易引发火灾。

试验表明,去除湿润剂的干硝化棉在40 ℃时发生放热反应,达到174 ℃时发生剧烈失控反应及质量损失,自燃并释放大量热量。如果在绝热条件下进行试验,去除湿润剂的硝化棉在35 ℃时即发生放热反应,达到150 ℃时即发生剧烈的分解燃烧。

最终认定事故直接原因是:某物流公司危险品仓库运抵区南侧集装箱内的硝化棉由于湿润剂散失出现局部干燥,在高温(天气)等因素的作用下加速分解放热,积热自燃,引起相邻集装箱内的硝化棉和其他危险化学品长时间大面积燃烧,导致堆放于运抵区的硝酸铵等危险化学品发生爆炸。

(二)间接原因

(1)事故企业严重违法违规经营。

(2)危险化学品事故应急处置能力不足。

(3)港口管理体制不顺、安全管理不到位。

(4)危险化学品安全监管体制不顺、机制不完善。

(5)有关职能部门有法不依、执法不严。

三、防范措施

(1)生产经营单位应当具备有关法律、行政法规和国家标准或者行业标准规定的安全生产条件;不具备安全生产条件的,不得从事生产经营活动。

(2)生产经营单位对重大危险源应当登记建档,进行定期检测、评估、监控,并制订应急预案,告知从业人员和相关人员在紧急情况下应当采取的应急措施。

(3)进一步理顺港口安全管理体制;建立、健全本单位的安全生产责任制;制定本单位安全生产规章制度和操作规程。

(4)生产经营单位必须遵守《中华人民共和国安全生产法》和其

他有关安全生产的法律、法规,加强安全生产管理,建立、健全安全生产责任制和安全生产规章制度,改善安全生产条件,推进安全生产标准化建设,提高安全生产水平,确保安全生产。

(5)各级人民政府及其有关部门应当采取多种形式,加强对有关安全生产的法律、法规和安全生产知识的宣传,增强全社会的安全生产意识。

点评:企业火灾事故的主要原因、防范措施和现场处置方案

一、企业火灾事故的特点

企业发生火灾事故的区域主要分布在生产作业部位,一是在动火作业的电、气焊切割时,其电焊渣和火星等高温物体掉落或飞溅至棉纱、管道夹层及地面油污等易燃物上所引起的火灾事故。二是电气设备故障及电器线路老化发热等问题造成短路引发的火灾事故。例如:2013 年吉林省长春市某禽业公司发生的"6·3"特别重大火灾爆炸事故的直接原因就是该公司主厂房一车间女更衣室西面和毗连的二车间配电室的上部电气线路短路,引燃周围可燃物。三是企业生产运行设备的高温烟道、烘烤和乱扔烟头等管理不善原因导致发生的火灾事故。

化工行业火灾发生的概率较高,事故往往造成巨大的损失。主要原因是原料多变,生产条件变化大;工艺复杂,操作控制点多,而且相互影响;设备种类多,数量大,开停车频繁,检修量大;自动化程度低、安全联锁装置不齐或失效;从业人员安全技术素质低,安全意识不强,防范事故能力不高;执行操作规程、检修规程的严肃性较差。

客观条件下,仓库储存的危险物品在特定条件下会发生自燃,例如:天津港某物流公司"8·12"特别重大火灾爆炸事故的直接原因就

是该物流公司危险品仓库运抵区南侧集装箱内的硝化棉由于湿润剂散失出现局部干燥,在高温(天气)等因素的作用下加速分解放热,积热自燃,引起相邻集装箱内的硝化棉和其他危险化学品长时间大面积燃烧,导致堆放于运抵区的硝酸铵等危险化学品发生爆炸。

企业火灾事故极易造成重大人员伤亡和财产损失,是我国当前安全生产和应急管理工作的重大痛点之一。

二、企业火灾事故发生的主要原因

(一) 单位对厂房内部的消防安全设施不重视

在新建、改扩建生产厂房交付使用后,单位对厂房内部的消防安全设施不重视,其消防设施或自动灭火系统没有进入正常备用状态。有的消防自动灭火系统无人值守,持证上岗操作制度没有严格执行;有的自动灭火系统自从交付后就无人会使用,更没有懂操作的人来维护和管理,导致消防自动灭火系统基本上就是个摆设,系统操作没有人会,也没有人愿意弄懂,潜意识就以为自动灭火系统会自己灭火!

(二) 企业职工的消防安全意识和扑灭火灾的基本技能及应急处置能力不足

主要表现在一些生产作业现场的员工不懂消防安全知识,防火意识淡漠,对扑灭火灾基本知识不了解、不熟悉、不掌握,一旦遇到火灾事故就表现得惊慌失措、无所适从,不懂得如何应急处置,延误和错失了扑灭初期火灾的最佳时机。

(三) 动火作业多头分管,层层审批,但责任落实不到位

动火作业时,其安全监护的人员从班组到车间、再到单位安全管理部门,表面看起来管事的人很多,把关的人也很多,但围了一大圈子人,责任却落实不到人头,走过场现象时有发生。有的甚至造成空当期而无人看守监护,遇到火灾没有及时发现,导致火情扩大,丧失了扑灭初期火灾的最佳时机。

在有些非高危行业生产经营单位,觉得本单位动火现场没有易燃易爆物品,对动火作业现场监护在认识上就存在漠视,潜意识里认为动火作业现场没有什么东西可以着火,自以为不会发生火灾;动火作业现场监护随意摆放两个干粉灭火器,安全风险评估不到位,应急处置设备和灭火器材也准备不足,一遇到突发大火只能抓瞎。

(四)应急预案处置和宣传培训不到位

单位的应急预案制订和演练往往浮在表面,上级安全检查时,各单位都有制订好的制度和预案,但消防机构和网络如何启动,义务消防员和员工应该承担什么职责,日常演练之后如何评估完善,预案还存在哪些问题和不足,初期火灾扑灭技能的培训等,很多一线生产员工都不清楚。

三、企业火灾事故的主要预防措施

(一)建立健全防火安全管理制度

要在现有安全生产管理制度体系内,进一步完善消防安全管理网络和机构,加强监督和管控环节,对企业生产厂房的电器设备定期巡查、摸排隐患,尤其是对生产线电器设备的维护保养,要落实维保、巡查、管理责任制,做到制度到人、责任到人。做到安全监管无空当、无死角,全过程监护管控到位。

(二)消除导致火灾事故的物质条件

(1)尽量不使用或少使用可燃物。通过改进生产工艺或者改进技术,以不燃物或难燃物代替可燃物或易燃物,以燃烧危险性小的物质代替危险性大的物质,这是防火的一条基本措施。

(2)生产设备及系统尽量密闭化。已密闭的正压设备及系统要防止泄漏,负压设备及系统要防止空气渗入。

(3)采取通风除尘措施。对于因某些生产系统或设备无法密闭或者无法完全密闭,可能存在可燃气体、蒸气、粉尘的生产场所,要设置通风除尘装置以降低空气中可燃物浓度。

（4）合理选择生产工艺。根据产品原材料火灾危险性质，安排、选用符合安全要求的设备和工艺流程。性质不同但能相互作用的物品应分开存放。

（5）惰性气体保护。在存有可燃物料的系统中加入惰性气体，使可燃物及氧气浓度下降，可以降低或消除燃烧危险性。

（三）消除或者控制点火源

（1）防止撞击、摩擦产生火花。在爆炸危险场所应采取相应措施，如严禁穿带钉鞋进入；严禁使用能产生冲击火花的工、器具，而应使用防爆工、器具或者铜制、木制工、器具；机械设备中凡会发生撞击、摩擦的两部分都应采用不同的金属；火炸药工房应铺设不发火地面等。

（2）防止高温表面引起着火。对一些自燃点较低的物质尤其需要注意。为此，高温表面应当有保温或隔热措施；可燃气体排放口应远离高温表面；禁止在高温表面烘烤衣物；注意清除高温表面的油污，以防其受热分解、自燃。

（3）消除静电。消除静电有两条途径：一是控制工艺过程，抑制静电的产生。应当尽量选用在起电序列中位置相近的物质，但要完全抑制静电的产生是很难的；二是加速所产生静电的泄放或者中和，限制静电的积累，使之不超过安全限度。为此，在爆炸场所，所有可能发生静电的设备、管道、装置、系统都应当接地。此外，在绝缘材料中添加导电填料（如在炼制橡胶的过程中掺入一定数量的石墨粉）；在容易产生静电的物质中加入抗静电剂；增加工作场所空气的湿度；使用静电中和器等，都是防静电的基本措施。

（4）预防雷电火花引发火灾事故。设置避雷装置是防止或减少雷击事故的最基本措施。

（5）防止明火。生产过程中的明火主要是指加热用火、维修用火及其他火源。加热可燃物时，应避免采用明火，宜使用水蒸气、热水等间接加热。如果必须使用明火加热,加热设备应当严格密闭。对于维修用火,应当制定严格的管理规定,并严格遵守。此外,在生产场所因烟头、火柴引起的火灾也时有发生,应引起警惕。

(6)技术监控措施应全方位覆盖。特别是企业厂房的重要生产工艺设备,要加大安装技术监控设施,对重点生产部位、要害岗位实现全方位、无死角技术监控,并配备专(兼)职人员,实行持证上岗,全程有效监督管控。

(7)动火作业管控措施必须到位。一是动火审批要严格把关,谁签字谁负责;二是对动火作业现场的监护管理要责任到人;三是对动火作业现场要进行技术确认和安全交底,对作业现场易燃易爆物品的清理要干净彻底,管控措施要做到有专人从头到尾全权负责。动火作业过程要全程有效监护管控,不留任何空隙和时间盲区。

(四)建立完善消防基础设施和检测系统,强化火灾事故事前监督

要认真分析研究消防安全风险,辨识火灾事故的危险源,及时完善更新消防设施,健全消防安全保障体系。要建立完善企业生产区域的消防自动控制系统、室内外消火栓等基础设施,并进行评估。

要定期组织相关安全专业人员,对本单位生产厂区的重要生产部位和场所进行全方位"把脉",尤其要对企业新建工程项目、改扩建工程、易燃易爆重大危险源、重点要害部位、人员密集场所的消防设施进行常态化排查。

(五)加强消防知识和技能培训

对企业现场管理和生产操作人员加强消防理论知识和处置扑灭初期火灾的技能培训,着力提高安全管理人员和岗位操作人员的管控处置及应变能力;层层落实消防安全责任制,责任到人,定期进行巡查,量化考核,严格实行奖惩制度。

四、火灾事故应急响应步骤

(一)立即报警

当接到发生火灾信息后,要及时报警,立即启动本单位生产安全事故应急救援综合预案及火灾事故现场处置方案,并及时报告上级领导,以便组织人员及时扑救处置火灾事故。

(二)组织扑救火灾

立即组织本单位义务消防队员和职工进行扑救火灾,力争把火灾事故消灭在萌芽状态。扑救火灾时要按照"先控制,后灭火;救人重于救火;先重点,后一般"的灭火战术原则。立即派人切断电源,接通消防水泵电源,组织抢救伤亡人员,隔离火灾危险源和重点物资,充分利用现场的消防设施器材进行灭火。

(三)迅速组织人员疏散

在现场平面布置图上绘制疏散通道,一旦发生火灾等事故,人员可按图示疏散撤离到安全地带。

(四)协助专业消防救援队灭火

打电话报警后要派专人到路口接应。当专业消防救援队到达火灾现场后,单位火灾应急小组成员要向消防队负责人简要说明火灾情况,并全力协助消防队员灭火,听从专业消防救援队指挥,齐心协力,共同灭火。

(五)现场保护

当火灾发生时和扑灭后,单位应急指挥小组要派人保护好现场,维护好现场秩序,等待事故原因调查和对责任人的调查。同时应立即采取善后工作,及时清理,将火灾造成的垃圾分类处理及其他有效措施,使火灾事故对环境造成的污染降低到最低限度。

(王鹏选:濮阳市应急管理局副局长、国家注册安全工程师;李红博:濮阳市应急救援保障中心副主任。)

第九章　高处坠落事故(曾俊修、张东点评)

高处坠落:指出于危险重力势能差引起的伤害事故。适用于脚手架、平台、陡壁施工等高于地面的坠落,也适用于由地面踏空失足坠入洞、坑、沟、升降口、漏斗等情况。但排除以其他类别为诱发条件的坠落。如高处作业时,因触电失足坠落应定为触电事故,不能按高处坠落划分。

案例一　云南昆明某钢铁控股有限公司玉溪大红山矿业有限公司"3·3"高处坠落较大生产安全事故

2013 年 3 月 3 日 10 时 08 分,云南昆明某钢铁控股有限公司下属玉溪大红山矿业有限公司 1#铜矿带 380 水平运输中段卸载站发生一起高处坠落较大生产安全事故,造成 3 人死亡,直接经济损失 350 万元。

一、事故发生经过

2013 年 3 月 3 日 09 时 35 分,玉溪大红山矿业有限公司 1#铜矿带 380 水平运输中段卸载站溜矿井料位计安装具体负责人、项目管理部电气助理工程师金某,邀约采矿管理部设备科科长叶某某、溜矿井料位计安装施工单位湖南某建设工程(集团)有限责任公司第一安装公司大红山安装项目部副经理赵某某、驾驶员周某某一同乘坐轻型卡车下井,工作任务是到玉溪大红山矿业有限公司 1#铜矿带 380 水平运输中段卸载站溜矿井上部矿仓选择确定溜矿井料位计安装位置。09 时 52 分,三人途经 1#铜矿带 380 水平运输中段卸载站过磅房,在过磅房停留近 4 分钟并与过磅房当班的十四冶建设集团云南矿业工程有限公司驻玉溪大红山矿业有限公司第二项目部人员赵某某做了短暂交流。09 时 59 分,三人到达卸载站,其中金某、赵某某两人停留在卸载站入口,叶某某围绕卸载站巡视检查,并与正在轨道下方平台上进行清渣作业的十四冶建设集团云南矿业工程有限公司驻玉溪大红山矿业有限公司第二项目部职工毕某某进行了短暂交谈。随后,三人离开卸载站从措施井下到溜矿井上部矿仓选择确定料位计安装位置。在 1# 铜矿带 380 水平运输中段入口处等待的驾驶员周某某等到 15 时左右仍未见叶某某、金某、赵某某回来,就去 1# 铜矿带 380 水平运输中段卸载站找寻,在卸载站旁措施井井口看见一个吸附倒挂在铁板上的电筒,但没找到人,只好回到原地继续等待。17 时 40 分左右,彭某向玉溪大红山矿业有限公司项目管理部主任助理杨某某报告了叶某某等三人失踪情况,之后,总经理赶到采矿管理部调度室,立即启动应急预案,组织 3 个搜救工作组开展下井搜寻工作。19 时 30 分左右,根据三人当日的工作情况及对视频监控录像和人员定位系统查询,初步分析三人可能坠入溜矿井。

直到人员失踪第三天,即 3 月 5 日 23 时 20 分,第一次发现尸体组织坠落到 100 水平运输胶带。6 日 0 时 40 分,又发现一只水鞋坠落到 100 水平运输胶带。随后又陆续发现了人体的手臂、脚等尸体组织。14 时 47 分,溜矿井中矿石全部放完,放矿找寻工作结束。当天下午,尸体组织被送至玉溪殡仪馆存放。经 DNA 鉴定确认尸体组织为三人遗体组织。

二、事故原因

(一) 直接原因

叶某某、金某、赵某某三人违反《金属非金属矿山安全规程》中进入溜矿井井口作业的规定,在未采取任何安全措施、无安全监护人员的情况下,冒险进入上部矿仓站,到已处于悬拱状态的溜矿井井口矿堆上查看、选定料位计安装位置时,矿堆突然发生陷落,三人随矿石坠落溜矿井致死。

(二)间接原因

(1)安全生产责任制执行不严,规章制度、操作规程、作业规程不完善,并且针对性不强、执行不严格。对溜矿井井口作业、上下交叉作业未制定切实可行的规章制度、操作规程和作业规程。玉溪大红山矿业有限公司及其下属各部门、协作单位未认真落实安全生产责任制。

(2)生产组织不合理,作业现场安全管理不规范。事故发生时,140 水平破碎站在放矿生产,而叶某某、金某、赵某某进入 1#铜矿带 380 水平运输中段卸载站溜矿井上部矿仓选定料位计安装位置时也未同相关单位联系。

(3)职工安全意识淡薄。职工对矿山井下危险因素认识不足,安全意识、防范意识、危机意识淡薄,特别是管理人员的自我保护意识不强。

(4)高风险作业审批、监护措施不落实。项目管理部未制订溜井井口作业安全方案,叶某某、金某、赵某某三人进入 1#铜矿带 380 水平运输中段卸载站溜矿井上部矿仓作业未向卸载站值班员及两名清渣工交代,未指定专人对进入溜井上部矿仓作业进行安全监护,致使事故发生后无人知晓,救援迟缓。

三、防范措施

(1)玉溪大红山矿业有限公司要认真分析事故原因,吸取事故教训,健全完善各项规章制度、操作规程,严格执行人员进出井口制度规定,加强职工安全教育培训,提高职工安全生产综合素质。

(2)玉溪大红山矿业有限公司要依法搞好安全设施"三同时",加强对 1#铜矿带 150 万吨/年工程试运行管理,尽快完善 380 卸载站措施井、联道等工程安全设施,及时整改试运行中发现的问题,尽快办理安全设施竣工验收手续。

点评：高处坠落事故的主要原因、预防措施和现场处置

所谓高处作业，是指在距基准面 2 米以上（含 2 米）有可能坠落的高处进行作业。

在此作业过程中因坠落而造成的伤亡事故，称为高处坠落事故。这类事故各行业均有发生，但以建筑行业居多，约占全部事故的 20% 左右。

多年来，高处坠落事故一直居于建筑施工现场"五大伤害"之首，根据 2017 年房屋和市政工程事故类型的统计分析，高处坠落事故 331 起，占总数的 47.83%。从发生事故主体的年龄看，23~45 周岁的人居多，约占全部事故的 70% 以上。

从发生事故的结果看，凡作业离地面越高，冲击力越大，伤害程度也越大，但也得注意"亚高处"坠落的预防。

从发生事故的类型看，高处坠落事故最易在建筑安装登高架设作业过程中与脚手架、吊篮处、使用梯子登高作业时以及悬空高处作业时发生。其次在"四口、五临边"处、轻型屋面处坠落。还有在拆除工程时和其他作业时发生坠落事故。

一、高处坠落事故的特点

（一）可能发生高处坠落事故的环节

（1）高处作业有洞无盖、临边无栏，不小心造成坠落。

（2）无脚手架、板，或脚手架不合格，其中作业层未满铺架板比较典型，导致高处坠落。

（3）梯子无防滑措施，或强度不够、固定不牢、梯子与地面的夹角不在 60°~70° 范围内，无人监护造成跌落。

（4）高处行道、盖板、贮罐扶梯、管线架桥及护栏等锈蚀，或强度不够造成坠落。

(5)防护用品使用不当,造成滑跌坠落等。

(6)作业人员疏忽大意,疲劳过度。

(7)夜间高处作业照明情况不好。

(8)高处作业安全管理不到位等。

(二)影响及危害程度

可导致作业人员的伤亡,可能造成极坏的社会影响。

二、高处坠落事故的主要原因

(1)高处作业的安全防护设施的材质强度不够、安装不良、磨损老化等。

(2)安全防护设施不合格、装置失灵。

(3)劳动防护用品缺陷。

(4)作业环境不良。

(5)作业人员缺乏高处作业的安全技术知识,人为操作失误或带病作业,以及安全防护措施不落实。

(6)安全规章制度不健全、有章不循、违章指挥、违章作业。如从事高处作业人员的着装不符合安全要求;高处作业时没有安全措施,冒险蛮干;违反劳动纪律,酒后作业;安全防护设施不完备、不起作用,或擅自拆除、移动,或在施工过程中损坏未及时修理等。

三、高处坠落事故的防范措施

(1)高处作业人员的身体条件必须符合安全要求,不准安排患有高血压病、心脏病等不适合高处作业的人员从事高处作业;对从事高处作业的人员必须经过正规的安全技术培训,取得特种作业资格证书后方可上岗。没经过培训和特殊教育的人员不准进行高处作业。

(2)高处作业人员的个人着装必须符合安全要求,根据作业性质配备安全帽、安全带和有关劳动保护用品;2 米以上高处作业必须按标准系好安全带,安全带使用前必须检查,并要做到高挂低用。

（3）高处作业时必须落实使用检查制度，各检修口、上料平台口等洞口必须设有牢固、有效的安全防护设施（盖板、围栏、安全网），并悬挂醒目的警示标志，检查中发现问题必须及时处理。

（4）高处作业前，必须检查脚踏物是否安全可靠，脚踏物是否有足够的承重能力。

（5）高处作业必须遵守作业标准，不准攀爬脚手架或乘运料井字架吊篮上下，也不准从高处跳上跳下。

（6）室外高处作业必须在晴好天气下进行，不准在 6 级强风或大雨、雪、雾天气从事露天高处作业。

（7）使用梯子作业时，单梯只许上 1 人操作，支设角度以 60°~70°为宜，梯子下脚必须采取防滑措施，支设人字梯时，两梯夹角应保持40°，移动梯子时梯子上不准站人。

四、高处坠落事故的应急处置

（一）事故报警

（1）发生高处坠落事故后，现场人员立即向本单位负责人报告。单位负责人接到报告后，立即到达事故现场，视现场情况及时启动事故应急救援预案。

（2）事故现场指挥人员以最快速度通知现场救护组、安全保卫组等到达事故现场，履行各小组的职责，疏散无关人员。

（3）现场指挥人员及时通知医务救护人员到达事故现场抢救受伤人员。

（二）现场急救

（1）如有出血，立即止血包扎。

（2）检查呼吸是否正常、神志是否清楚，若心跳、呼吸停止应立即进行心肺复苏。

（3）肢体骨折时，现场采取止血措施，及时送往医院救治。

（4）如需把伤员搬运到安全地带，搬运时要有多人同时搬运，尽可能使用担架、门板,防止受伤人员加重伤情。

(5)尽快将受伤人员送往医院救治。

(6)现场保卫组应保护好事故现场,防止无关人员进入事故现场、破坏事故现场,以便有关部门人员进行事故调查。

(7)急救措施

①抢救前先使伤者仰卧,判断全身情况和受伤程度,如有无出血、骨折、休克等,防止加重伤情。

②由于坠落事故可能引起出血,出血量大(达到总血量的 40%),就有生命危险。现场急救时首先应采取紧急止血措施,然后采取其他措施。常用的止血方法有指压止血、加压包扎止血、加垫屈肢止血和止血带止血。

③包扎可以起到快速止血、保护伤口、防止污染的作用,有利于转送和进一步治疗。常用方法有绷带包扎、三角巾包扎。

④如伤者外观无出血但面色苍白、脉搏微弱、气促等,甚至神志不清,应立即拨打 120 急救热线,迅速让伤员躺平,抬高下肢,保持温暖,速送医院抢救。

⑤在鼻有液体流出时,不要用棉花堵塞,只可轻轻拭去,不可用力擤鼻排除鼻液或将鼻液再吸入鼻内。

五、高处坠落事故应急救援注意事项

(一)佩戴个人劳动防护用品注意事项

需要佩戴防护用品的人员在使用防护用品前,应认真阅读产品安全使用说明书,确认其使用范围、有效期等内容,熟悉其使用、维护和保养方法。发现防护用品有受损或超过有效期限等情况,绝不能冒险使用。

(二)使用抢险救援器材方面的注意事项

抢险救援时使用的器材要严格检查,不得使用有破损的器材,使用救援器材时要根据灾情分类使用。

(三) 采取救援对策或措施方面的注意事项

现场工作人员在发生事故后应根据灾情和现场的情况,在保障自身安全的前提下,采取有效方法和措施进行自救和互救。

(四) 现场自救和互救注意事项

在现场自救和互救时,必须保持统一指挥和严密的组织,严禁冒险蛮干和惊慌失措,严禁各行其是和单独行动,特别是要提高警惕,避免发生次生事故。

(五) 现场应急处置能力确认和人员防护等事项

现场应急处置要安排经验丰富的工作人员进行现场处置,落实好安全防护措施,严禁没有任何防护措施就进入事故现场。

(六) 应急救援结束后的注意事项

救援结束后,做好机械、电气和易燃易爆管道的检查和人员清点工作,并认真分析原因,制定安全防范措施,防止类似事故发生,做好善后处理工作。

(曾俊修:河南送变电建设有限公司安全总监兼安全监察部主任、高级工程师;张东:河南送变电建设有限公司安全监察部安全专责、中级工程师。)

第十章 坍塌事故(张国保、谢贻辉点评)

坍塌:指建筑物、构筑物、堆置物等倒塌以及土石塌方引起的事故。适用于因设计或施工不合理而造成的倒塌,以及土方、岩石发生的塌陷事故。如建筑物倒塌,脚手架倒塌,挖掘沟、坑、洞时土石的塌方事故等情况。不适用于矿山冒顶片帮事故或因爆炸、爆破引起的坍塌。

案例一 江西某发电厂"11·24"冷却塔施工平台坍塌特别重大事故

2016 年 11 月 24 日,江西某发电厂三期扩建工程发生冷却塔施工平台坍塌特别重大事故,造成 73 人死亡、2 人受伤,直接经济损失 10 197.2 万元。

一、事故发生经过

2016 年 11 月 24 日 6 时许,混凝土班组、钢筋班组先后完成第 52 节混凝土浇筑和第 53 节钢筋绑扎作业,离开作业面。5 个木工班组共 70 人先后上施工平台,分布在筒壁四周施工平台上拆除第 50 节模板并安装第 53 节模板。此外,与施工平台连接的平桥上有 2 名平桥操作人员和 1 名施工升降机操作人员,在 7 号冷却塔底部中央竖井、水池底板处有 19 名工人正在作业。

7 时 33 分,7 号冷却塔第 50～52 节筒壁混凝土从后期浇筑完成部位(西偏南 15°～16°,距平桥前桥端部偏南弧线距离约 28 米处)开始坍塌,沿圆周方向向两侧连续倾塌坠落,施工平台及平桥上的作业人员随同筒壁混凝土及模架体系一起坠落,在筒壁坍塌过程中,平桥晃动、倾斜后整体向东倒塌,事故持续时间 24 秒。

事故导致 73 人死亡(其中 70 名筒壁作业人员、3 名设备操作人员),2 名在 7 号冷却塔底部作业的工人受伤,7 号冷却塔部分已完工工程受损。依据《企业职工伤亡事故经济损失统计标准》(GB 6721—1986)等标准和规定统计,核定事故造成直接经济损失为 10 197.2 万元。

二、事故原因

(一)直接原因

经调查认定,事故的直接原因是施工单位在 7 号冷却塔第 50 节筒壁混凝土强度不足的情况下,违规拆除第 50 节模板,致使第 50 节筒壁混凝土失去模板支护,不足以承受上部荷载,从底部最薄弱处开始坍塌,造成第 50 节及以上筒壁混凝土和模架体系连续倾塌坠落。坠落物冲击与筒壁内侧连接的平桥附着拉索,导致平桥也整体倒塌。

(二)间接原因

经调查,在 7 号冷却塔施工过程中,施工单位为完成工期目标,施工进度不断加快,导致拆模前混凝土养护时间减少,混凝土强度发展不足;在气温骤降的情况下,没有采取相应的技术措施加快混凝土强度发展速度;筒壁工程施工方案存在严重缺陷,未制订针对性的拆模作业管理控制措施;对试块送检、拆模的管理失控,在实际施工过程中,劳务作业队伍自行决定拆模。

1. 工期调整情况

按照某电力设计院与河北某公司签订的施工合同,7 号冷却塔施工工期为 2016 年 4 月 15 日至 2017 年 6 月 25 日,共 437 天。

2016 年 4 月 1 日,施工单位项目部编制了《施工 D 标段冷却塔与烟囱施工组织设计》,7 号冷却塔施工工期调整为 2016 年 4 月 15 日至 2017 年 4 月 30 日,其中筒壁工程工期为 2016 年 10 月 1 日至 2017 年 4 月 30 日,共 212 天。

实际施工中,7号冷却塔基础、人字柱、环梁部分基本按照施工组织设计进度计划施工。但在7月28日的调整中,筒壁工程工期由2016年10月1日至2017年4月30日调整为2016年10月1日至2017年1月18日,工期由212天调整为110天,压缩了102天。

2."大干100天"活动情况

2016年上半年,由于设计、采购和设备制造等原因,某发电厂三期扩建工程实际施工进度和合同计划相比滞后较多,建设单位向总承包单位项目部提出策划"大干100天"活动,促进完成2016年度计划和2017年春节前工作目标。

项目监理部先后5次在月进度计划报审表上或工程协调会上要求严格按照"大干100天"策划方案施工,加大对责任单位的考核。

"大干100天"活动严格限定了7号冷却塔的施工进度。

3.筒壁工程施工方案管理情况

施工单位项目部于2016年9月14日编制了《7号冷却塔筒壁施工方案》,经项目部工程部、质检部、安监部会签,报项目部总工程师于9月18日批准后,分别报送总承包单位项目部、项目监理部、建设单位工程建设指挥部审查,9月20日上述各单位完成审查。

施工方案中计划工期为2016年9月27日至2017年1月18日,内容包括筒壁工程施工工艺技术、强制性条文、安全技术措施、危险源辨识及环境辨识与控制等部分。

施工方案编制完成后,施工单位项目部工程部进行了安全技术交底。截至事故发生时,施工方案未进行修改。

4.模板拆除作业管理情况

按施工正常程序,各节筒壁混凝土拆模前,应由施工单位项目部试验员将本节及上一节混凝土同条件养护试块送到总承包单位项目部指定的第三方实验室(江西省南昌科盛建筑质量检测所)进行强度检测,并将检测结果报告施工单位项目部工程部长,工程部长视情况再安排劳务作业队伍进行拆模作业。

施工单位项目部在 7 号冷却塔筒壁施工过程中,没有关于拆模作业的管理规定,也没有任何拆模的书面控制记录,也从未在拆模前通知总承包单位和监理单位。除施工单位项目部明确要求暂停拆模的情况外,劳务作业队伍一直自行持续模板搭设、混凝土浇筑、钢筋绑扎、拆模等工序的循环施工。

5.关于气温骤降的应对管理情况

河北某公司于 11 月 14 日印发《关于冬期施工的通知》(亿能工字〔2016〕3 号),要求公司下属各项目部制定本项目的《冬期施工方案》,并且在 11 月 17 日前上报到公司工程部审批、备案且严格执行。施工单位项目部总工程师、工程部长认为当时江西当地的天气条件尚未达到冬期施工的标准,直至事故发生时,项目部一直没有制订冬期施工方案。

三、有关责任单位存在的主要问题

调查认定以下 16 个单位存在未依法依规履行自身的安全生产管理职责的问题,它们是:

(1)河北某公司。

(2)魏县某劳务公司。

(3)丰城某建材公司。

(4)某电力设计院。

(5)中电某工程集团。

(6)中国某能源建设集团(股份)有限公司。

(7)上海某公司。

(8)国家某核电技术有限公司。

(9)某三期发电厂。

(10)江西某股份公司。

(11)江西某投资集团。

(12)某电力工程质量监督总站。

(13)国家能源局某监管局。

(14)国家能源局某监管司。

(15)丰城市工业和信息化委员会。

(16)丰城市政府。

四、事故防范措施

(1)增强安全生产红线意识,进一步强化建筑施工安全工作。

(2)完善电力建设安全监管机制,落实安全监管责任。

(3)进一步健全法规制度,明确工程总承包模式中各方主体的安全职责。

(4)规范建设管理和施工现场监理,切实发挥监理管控作用。

(5)夯实企业安全生产基础,提高工程总承包安全管理水平。

(6)全面推行安全风险分级管控制度,强化施工现场隐患排查治理。

(7)加大安全科技创新及应用力度,提升施工安全本质水平。

案例二　福建省泉州市某酒店"3·7"重大坍塌事故

2020 年 3 月 7 日 19 时 14 分,位于福建省泉州市鲤城区的某酒店所在建筑物发生坍塌事故,造成 29 人死亡、42 人受伤,直接经济损失 5 794 万元。事发时,该酒店为泉州市鲤城区新冠肺炎疫情防控外来人员集中隔离健康观察点。

这起事故死亡人数虽然不够特别重大事故等级,但性质严重、影响恶劣,依据有关法律法规,经国务院批准,成立了由应急管理部牵头,公安部、自然资源部、住房和城乡建设部、国家卫生健康委、全国总工会和福建省人民政府有关负责同志参加的国务院福建省泉州市某酒店"3·7"坍塌事故调查组(简称事故调查组),并分设技术组、管理组、综合组。同时,设立专家组,聘请工程勘察设计、工程建设管理、建设工程质量安全管理、公共安全等方面的专家参与事故调查工作。按照中央纪委国家监委的要求,福建省纪委监委成立责任追究审查调查组,对有关地方党委政府、相关部门和公职人员涉嫌违法违纪及失职渎职问题开展审查调查。

事故调查组认定,福建省泉州市某酒店"3·7"坍塌事故是一起主要因违法违规建设、改建和加固施工导致建筑物坍塌的重大生产安全责任事故。

一、事故发生和救援情况

2020年3月7日17时40分许,某酒店一层大堂门口靠近餐饮店一侧顶部一块玻璃发生炸裂。18时40分许,酒店一层大堂靠近餐饮店一侧的隔墙墙面扣板出现2~3mm宽的裂缝。19时06分许,酒店大堂与餐饮店之间钢柱外包木板发生开裂。19时09分许,隔墙鼓起5毫米;2~3分钟后,餐饮店传出爆裂声响。19时11分许,建筑物一层东侧车行展厅隔墙发出声响,墙板和吊顶开裂,玻璃脱胶。19时14分许,目击者听到幕墙玻璃爆裂巨响。19时14分17秒,某酒店建筑物瞬间坍塌,历时3秒。事发时楼内共有71人被困,其中外来集中隔离人员58人、工作人员3人(1人为鲤城区干部、2人为医务人员)、其他入住人员10人(2人为某酒店服务员、5人为散客、3人为某酒店员工朋友)。

事故发生后,应急管理部和福建省立即启动应急响应。应急管理部、住房和城乡建设部负责同志率领工作组连夜赶赴现场指导救援,福建省和泉州市、鲤城区党委政府主要负责同志及时赶赴现场,应急管理部主要负责同志与现场全程连线,各级政府以及公安、住建等有关部门和单位积极参与,迅速组织综合性消防救援队伍、国家安全生产专业救援队伍、地方专业队伍、社会救援力量、志愿者等共计118支队伍5 176人开展抢险救援。

经过112小时全力救援,至3月12日11时04分,人员搜救工作结束,搜救出 71 名被困人员,其中 42 人生还、29 人遇难。整个救援过程行动迅速、指挥有力、科学专业、效果明显。救援人员、医务人员无一人伤亡,未发生疫情感染,未发生次生事故。

二、事故直接原因

事故调查组通过深入调查和综合分析,认定事故的直接原因是:事故单位将某酒店建筑物由原四层违法增加夹层改建成七层,达到极限承载能力并处于坍塌临界状态,加之事发前对底层支承钢柱违规加固焊接作业引发钢柱失稳破坏,导致建筑物整体坍塌。

事故调查组通过对事故现场进行勘查、取样、实测,并委托国家建筑工程质量监督检验中心、国家钢结构质量监督检验中心、清华大学等单位进行了检测试验、结构计算分析和破坏形态模拟,逐一排除了人为破坏、地震、气象、地基沉降、火灾等可能导致坍塌的因素,查明了事故发生的直接原因。

增加夹层导致建筑物荷载超限。该建筑物原四层钢结构的竖向极限承载力是 52 000 kN,实际竖向荷载 31 100 kN,达到结构极限承载能力的 60%,正常使用情况下不会发生坍塌。增加夹层改建为七层后,建筑物结构的实际竖向荷载增加到 52 100 kN,已超过其 52 000 kN 的极限承载能力,结构中部分关键柱出现了局部屈曲和屈服损伤,虽然通过结构自身的内力重分布仍维持平衡状态,但已经达到坍塌临界状态,对结构和构件的扰动都有可能导致结构坍塌。因此,建筑物增加夹层,竖向荷载超限,是导致坍塌的根本原因。

焊接加固作业扰动引发坍塌。在焊接加固作业过程中,因为没有移走钢柱槽内的原有排水管,造成贴焊的位置不对称、不统一,焊缝长度和焊接量大,且未采取卸载等保护措施,热胀冷缩等因素造成高应力状态钢柱内力变化扰动,导致屈曲损伤扩大、钢柱加大弯曲、水平变形增大,荷载重分布引起钢柱失稳破坏,最终打破建筑结构处于临界的平衡态,引发连续坍塌。

通过技术分析及对焊缝冷却时间验证,焊缝冷却至事故发生时的温度(20.1 ℃)约需2小时,此时钢柱水平变形达到最大,与事故当天17时10分许工人停止焊接施工至19时14分建筑物坍塌的间隔时间基本吻合。

三、事故主要原因及有关企业的主要问题

泉州市某机电工贸有限公司、某酒店及其实际控制人杨某锵无视国家有关城乡规划、建设、安全生产以及行政许可法律法规,违法违规建设施工,弄虚作假骗取行政许可,安全责任长期不落实,是事故发生的主要原因。

(一)泉州市某机电工贸有限公司

1. 违法违规建设、改建

违反《中华人民共和国城乡规划法》第四十条,《建设工程质量管理条例》第五条、第十一条、第十三条,《中华人民共和国建筑法》第七条,《房屋建筑和市政基础设施工程竣工验收备案管理办法》第四条规定,在未取得建设用地规划许可证和建设工程规划许可证,未组织勘察、设计,未将施工图设计文件报送施工图审查机构审查,未办理工程质量监督和安全监督手续,未取得建筑工程施工许可证等情况下,将工程发包给无资质施工人员,开工建设四层(局部五层)钢结构建筑物。为使该违法建设"符合政策",申报鲤城区特殊情况建房并获批同意,该违法建筑未经竣工验收备案即投入使用。在未依法履行基本建设程序、未依法取得相关许可的情况下,又擅自加盖夹层,组织无资质的施工人员,将原为四层(局部五层)的建筑物改扩建为七层,未经竣工验收及备案投入使用。

2. 伪造材料骗取相关审批和备案

违反《中华人民共和国行政许可法》第三十一条规定,伪造施工单位资质证书、公章、法定代表人身份证以及签名等资料,假冒施工单位,使用私刻的资质章、出图章,假冒设计单位,制作《不动产权证

书》《建筑工程施工许可证》《建设工程竣工验收报告》等虚假资料，用于向原泉州市公安消防支队申办某酒店建筑物（原四层建筑）消防设计备案、消防竣工验收备案等手续。

3. 违法违规装修施工和焊接加固作业

违反《中华人民共和国建筑法》第四十九条、《建设工程质量管理条例》第七条规定，在未依法履行基本建设程序、未组织施工设计、未办理工程质量监督和安全监督手续、未取得建筑工程施工许可证等情况下，组织无资质的施工人员，对某酒店建筑物第四至六层实施装修，完工后未经竣工验收和备案就作为酒店客房投入使用。在发现建筑物钢柱严重变形后，未依法办理加固工程质量监督手续，违法组织无资质的施工人员对钢柱进行焊接加固作业，违规冒险蛮干，直接导致建筑物坍塌。

4. 未依法及时消除事故隐患

违反《中华人民共和国安全生产法》第三十八条、第四十三条规定，在发现某酒店建筑物钢柱严重变形、存在重大安全隐患情况下，隐瞒情况，未采取人员撤离、停止经营等应急处置措施，未及时向有关部门报告。

（二）某酒店

1. 伪造材料骗取消防审批

违反《建筑工程消防监督管理规定》第八条、《中华人民共和国行政许可法》第三十一条规定，在未依法申请消防设计审核和消防验收的情况下，擅自开展酒店经营。伪造《不动产权证书》（复印件）、广东弘业建筑设计有限公司公章、资质章、出图章和签名，制作《鲤城区某酒店设计说明书》《消防设计文件》《建设工程竣工验收报告》等相关虚假材料，用于申办欣佳酒店消防设计备案、竣工验收备案和《公众聚集场所投入使用、营业前消防安全检查合格证》。

2. 串通内部人员骗取特种行业许可

违反《中华人民共和国行政许可法》第三十一条和公安机关行政

许可办理有关规定,串通原泉州市洛江区公安消防大队大队长刘某礼,从其手中取得空白《公众聚集场所投入使用、营业前消防安全检查合格证》并伪造证件信息、编号,串通泉州市公安局鲤城分局治安大队一中队指导员吴某晓,在没有房屋产权证的情况下,用常泰街道办事处出具的房屋产权证明办理特种行业许可证,由福建省建筑工程质量检测中心有限公司违规出具《结构正常使用性鉴定检验报告》作为房屋安全证明文件,用上述虚假或替代材料向鲤城公安分局治安大队申请办理特种行业许可证。经吴某晓等人现场检查验收,取得特种行业许可证。酒店经营场所由六楼变更为地上一层和四至六层后,吴某晓在没有受理材料、没有现场检查验收、没有审批的情况下,为某酒店办理了特种行业许可证变更手续。

3. 未依法采取应急处置措施

违反《福建省安全生产条例》规定,在事故发生前发现墙面凸起、玻璃幕墙破碎等重大安全隐患后,未及时通知和引导人员疏散,未采取有效应急处置措施,错失了人员疏散逃生时机。

(三)技术服务机构

调查认定以下 5 个技术服务机构存在违反技术标准、冒签、弄虚作假等严重问题,它们是:

(1)福建省某建筑工程质量检测中心有限公司。

(2)福建省某建筑设计有限公司。

(3)福建省某消防检测有限公司。

(4)福建省某装饰设计有限公司。

(5)湖南省某大学设计研究院有限公司。

四、有关部门主要问题

调查认定以下 14 个部门(单位)存在未依法依规履行自身安全生产管理职责的问题。

(一) 国土规划部门

(1) 原泉州市国土资源局。

(2) 原泉州市城乡规划局。

(3) 原福建省国土资源厅。

(二) 城市管理部门

(1) 鲤城区城管局常泰执法中队。

(2) 鲤城区城管局。

(3) 泉州市城管局。

(三) 住房和城乡建设部门

(1) 鲤城区住房城乡建设局。

(2) 泉州市住房城乡建设局。

(3) 福建省住房城乡建设厅。

(四) 消防机构

(1) 原鲤城区公安消防大队。

(2) 原泉州市公安消防支队。

(五) 公安部门

(1) 泉州市公安局鲤城分局常泰派出所。

(2) 泉州市公安局鲤城分局。

(3) 泉州市公安局。

五、地方党委政府主要问题

泉州市、泉州市鲤城区、泉州市鲤城区常泰街道未严格落实住房和城乡建设部和福建省委、省政府的有关要求,未能正确处理安全和发展的关系,对住建、城管、公安等部门存在的违规行为、履职不力等问题失管失察;存在严重的形式主义、官僚主义问题。

六、事故防范和整改措施建议

(一) 切实担负起防范化解安全风险的重大责任

各地党委政府和有关部门特别是福建省、泉州市、鲤城区要深刻吸取事故惨痛教训,牢固树立安全发展理念,在统筹经济社会发展、城乡建设中自觉把人民生命安全和身体健康放在第一位。要坚决反对形式主义、官僚主义,依法严厉打击违法违规行为,重大风险隐患一抓到底、彻底解决,严防漏管失控引发事故。

(二)强化法治思维,坚持依法行政

各地党委政府和有关部门特别是福建省、泉州市、鲤城区要加强各级领导干部法治教育培训,牢记"法无授权不可为、法定职责必须为",想问题、做决策、办事情必须严格遵守法律法规,切实提高法治素养和法治能力。全面分类整治违规审批的 9 批 208 宗非法建筑,并严格实施重大行政决策责任终身追究制度及责任倒查机制,及时通报曝光典型案例,对不作为、乱作为导致严重后果的依法依纪严肃处理。

(三)全面提高涉疫场所和各类集中安置场所的安全保障水平

地方各级政府要在本地区突发事件应急预案中,进一步明确各类集中安置场所的安全检查机制,对各类安置场所的建设经营合法合规性和房屋质量安全进行核查,确保各类安置场所的建筑安全、消防安全。

(四)深化建设施工领域"打非治违"和安全隐患排查治理

各地区特别是福建省、泉州市要认真贯彻落实《中共中 央国务院关于进一步加强城市规划建设管理工作的若干意见》精神,扎实推进城市建成区违法建设专项治理工作五年行动,彻底清除安全隐患。要深化"两违"源头治理,全面排查城市老旧建筑安全隐患,压实建设方、产权人、使用人安全主体责任,强化部门执法衔接,严防类似垮塌事故发生。

(五)健全部门间信息共享和协同配合工作机制

自然资源、城管、住建部门要及时将发放建设工程规划许可信息、违法建设处置决定及其执行情况抄告市场监管、公安、消防、卫健等部门和单位,有关部门和单位不得为违法建筑办理相关证照,提供水、电、气、热。要扎实推进"放管服"审批制度改革,对涉及公共安全的审批事项、审批环节、申报材料进行取消、下放或者优化时,做好部门相互衔接、层级上下衔接、审批事项和环节前后衔接,严防出现监管盲区。

(六)扎实开展安全生产专项整治三年行动

要举一反三,认真组织开展学习宣传贯彻习近平总书记关于安全生产重要论述,落实企业安全生产主体责任专题和危险化学品、煤矿、非煤矿山、消防、道路运输、交通运输、工业园区等功能区、危险废物等其他行业专项整治,完善和落实"从根本上消除事故隐患"的责任链条、制度成果、管理办法、重点工程和工作机制,扎实推进安全生产治理体系和治理能力现代化,全力维护好人民群众生命财产安全。

点评:坍塌事故的主要原因、防范措施和应急处置

一、坍塌事故的特点

常见的坍塌事故主要有各种土石方护坡坍塌;建筑物楼面超过额定荷载造成房屋坍塌;结构混凝土施工时由于模板支撑不稳或强度不够造成坍塌;拆除施工中,由于下部承重墙体受到破坏造成失稳坍塌等。因此,坍塌事故可能发生在任何存在建(构)筑物的行业。

如本章案例一,2016 年江西某发电厂"11·24"冷却塔施工平台坍塌特别重大事故的直接原因,就是施工单位在 7 号冷却塔第 50 节筒壁混凝土强度不足的情况下(为了赶工期),违规拆除第 50 节模板,致使第 50 节筒壁混凝土失去模板支护,不足以承受上部荷载,从底部最薄弱处开始坍塌,导致第 50 节及以上筒壁混凝土和模架体系连续倾塌坠落,造成重大人员伤亡和经济损失。

再如本章案例二,2020 年 3 月 7 日晚,福建泉州南环路附近一酒店发生倒塌,被困人员 71 人。该倒塌酒店为当地一处新冠肺炎密切

接触者隔离观察点。此次事故造成 29 人死亡、42 人受伤。

还有最近的山西襄汾县"8·29"重大坍塌事故案例,2020 年 8 月 29 日 9 时 40 分左右,山西临汾市襄汾县陶寺乡陈庄村某饭店发生坍塌事故,被困 57 人。经紧张搜救,截至 8 月 30 日 3 时 52 分,被困人员全部救出,其中 29 人遇难,7 人重伤,21 人轻伤。

以上两期事故均造成了 29 位无辜人员离开人世。

从以上三个案例可以看出坍塌事故主要有下列几个特点:

(1)建筑火灾坍塌事故的突发性和不可预见性强、人员逃生难。建筑坍塌受建筑结构、建筑质量、自然条件、火灾等因素影响,建(构)筑物倒塌事故随时可能发生,且事故前兆很不明显,允许人员逃生的时间极短,待人们察觉时,倒塌事故往往已经造成了严重后果。从实际经验分析,从发生火灾到坍塌的时间长短不一。相似的建筑,有的在熊熊大火中燃烧几十小时没有发生坍塌,有的仅几小时就发生了坍塌。因此,救援过程中指挥员不能准确判断什么时候需要撤离现场。

(2)易引发次生灾害。突发性建(构)筑物倒塌事故,可能造成建筑内部燃气、供电等设施毁坏,导致火灾的发生;尤其是化工装置等构筑物倒塌事故,极易形成连锁反应:有毒气(液)体泄漏、爆炸等事故,导致灾害的扩大。

(3)社会影响大。建(构)筑物毁灭性倒塌事故发生后,人员伤亡重,社会负面影响极大。湖南衡阳"11·3"事故的惨痛教训至今仍令人痛心。

(4)救援难度大。建(构)筑物倒塌,往往导致较大的人员伤亡以及并发次生灾害,根据灾情所需,救援投入的力量较多,不仅涉及消防部队,还涉及公安、医疗救援,以及水、电、燃气、交通等部门;由于被埋压待救的被困人员较多,受装备限制,救援行动的有效性势必减弱,灾后救助往往是长时间连续作战。

二、坍塌事故发生的主要原因

(1)人员缺乏安全意识和自我保护能力,冒险蛮干;

(2)基坑施工未设置有效的排水措施;

(3)在基坑(槽)、边坡和基础桩孔边不按规定,随意堆放建筑材料;

(4)模板支撑系统失稳,搭建不牢;

(5)拆除作业未设置禁区围栏、警示标志等安全措施;

(6)机械不按规定作业和停放,距基坑(槽)边坡和基础桩孔太近;

(7)雨季和冬季解冻期施工缺乏对施工现场的检查和维护;

(8)清仓时对物料状况不了解。

三、预防坍塌事故的对策及措施

(一)安全技术措施

(1)坑、沟、槽土方开挖,深度超过 1.5 米的,必须按规定放坡或支护。

(2)挖掘土方应从上而下施工,禁止采用挖空底脚的操作方法,并做好排水措施。

(3)挖出的泥土要按规定放置或外运,不得随意沿围墙堆放或临时堆放。

(4)基坑、井坑的边坡和支护系统应随时检查,发现边坡有裂痕、疏松等危险征兆,应立即疏散人员并采取加固措施,消除隐患。

(5)各种模板支撑,必须按照模板支撑设计方案要求,立杆、横杆间距必须满足要求,不能随意变更,特别是采用木支撑施工法,防止模板在混凝土施工时坍塌。

(6)施工中必须严格控制建筑材料、模板、施工机械、机具或其他物料在楼层或屋面的堆放数量和重量,以避免产生过大的集中荷载,造成楼板或屋面断裂坍塌。

（7）距临时围墙2米内不能搭建宿舍、仓库等设施。

（8）安装和拆除大模板，吊车司机与安装人员应经常检查索具，密切配合，做到稳起、稳落、稳就位，防止大模板大幅度摆动，碰撞其他物体，造成倒塌。

（9）拆除工程必须编制施工方案和安全技术措施，经上级部门技术负责人批准后方可动工。较简单的拆除工程也要制订有效、可行的安全措施。

（10）拆除建（构）筑物，应该以自上而下的顺序进行，禁止数层同时拆除。当拆除某一部分的时候，应该防止其他部分发生坍塌。

（11）拆除建筑物一般不能采用推倒的方法，遇有特殊情况必须采用推倒方法的，必须遵守下列规定：

①砍切墙根的深度不能超过墙厚的三分之一，墙的厚度小于两块半砖的时候，不许进行掏掘。

②为防止墙壁向掏掘方向倾倒，在掏掘前，要用支撑撑牢。

③建（构）筑物推倒前，应该发出信号，待全体工作人员避至安全地带后，才能进行。

（12）架子上不能集中堆放模板或其他材料，防止架子坍塌。

（二）安全管理措施

1. 作业人员必须培训上岗

从事设备安装、拆除的人员应接受安全知识教育；登高架设与起重机械等特种作业人员应持证上岗，上岗前应根据有关规定进行专门的安全技术交底；采用新工艺、新技术、新材料和新设备的，应按规定对作业人员进行相关安全技术教育。

2. 严格按规定操作

脚手架按专项搭设方案进行搭设、检查、验收，合格后方可投入使用。塔吊、施工升降机、井架与龙门架等起重机械、设备，安装拆除前应按专项施工方案组织交底。安装拆除过程中应采取防护措施，并进行过程监护。

3. 检查验收标准化

脚手架验收时,监理单位和施工现场项目经理部共同参加验收,合格后方准投入使用。安全防护设施的验收应按类别逐项查验,并做出验收记录。凡不符合规定的,必须整改合格后再行查验,工期内还要定期进行抽查。

四、坍塌事故的应急处置

(一)事故应急处置程序

1. 事故信息接收和报告

事故发现人员,第一时间以电话的方式报告应急抢救小组。应急抢救小组组长接到报告后,以电话的方式通知各成员赶赴事故现场,启动事故现场处置方案。

2. 扩大应急响应程序

启动本事故现场处置方案后,当事故不能有效处置,或者有扩大、发展趋势的,应急抢救小组组长向应急指挥部申请启动坍塌事故专项应急预案。

(二)现场应急处置措施

1. 应急措施

(1)当发生坍塌事故时,在事故发生点 100 米范围内划定危险区域,疏散人群,防止伤亡。

(2)积极抢救现场受伤人员,将受伤人员疏散至安全地点进行救护。如现场有人员被埋,现场指挥人员和抢救人员应根据事故具体情况,采取机械和人工相结合的办法,对坍塌现场进行处理。在接近被埋人员时必须停止机械作业,改用人工挖掘,防止误伤被埋人员。

2. 现场急救

当发生坍塌事故后,抢救重点是集人力、物力、设备尽快把压在人上面的土方、岩石搬离,将受伤者抬出来交给医疗救护组立即进行抢救。医疗救护组做好外部医疗机构医护人员到场前伤员的救护工作。

（1）如伤员发生休克,先处理休克。处于休克状态的伤员要让其安静、保暖、平卧、少动,并将下肢抬高约20°左右。

（2）遇呼吸、心跳停止者,立即进行心肺复苏。

（3）出现颅脑损伤,必须维持呼吸道通畅。昏迷者应平卧,面部转向一侧,以防舌根下坠或分泌物、呕吐物吸入,发生喉阻塞。遇有凹陷骨折,严重的颅骶骨及严重的脑损伤症状出现,创伤处用消毒的纱布或清洁布等覆盖伤口,用绷带或布条包扎。

（4）遇有创伤性出血的伤员,迅速包扎止血,使伤员保持在头低脚高的卧位。

（三）事故报告的基本要求和内容

事故发生后,企业应当在接到事故报告后1小时内向政府有关单位报告。可以先用电话报告,简要说明事故的类型、地点、危害、损失、原因、救援情况等,待事故救援完毕后再以书面形式补报。

（四）注意事项

（1）佩戴个人防护器具、使用抢险救援器具、采取救援对策方面的注意事项：

①作业前应评估抢险场所可能潜在的危害,如果有危险存在,应提供有效的个人防护器具、抢险救援器具,并正确佩戴和使用。

②所有现场采取的救援对策和措施应经危害辨识和评估确保安全的情况下方可采用,严禁个人未经应急指挥部研究同意随意采取救援行动。

（2）现场自救和互救注意事项：

①发生事故时,应第一时间报警。

②进入现场抢险救人之前,要根据个人自身的能力,在本身能力没有一定把握的情况下和无防护装备的情况下不要贸然行事。

③事故扩大时,切勿贪恋财物或存侥幸心理拖延逃离时间。

（3）应急救援结束前后的注意事项：

①边坡坍塌事故发生后,在救援前,一定要确保没有第二次坍塌

或有坍塌时也影响不到营救范围时才能进行抢救人员的行动,避免二次坍塌造成对救援人员的伤害。

②如有人员失踪要马上清点人数,向知情人员了解失踪人员被埋位置。只要有可能,现场管理人员应第一时间组织人员抢救被埋人员,避免延误抢救时间,引起被埋人员窒息造成伤害。

③应急救援结束后,应派专人全面彻底检查,确认危险已经完全消除,防止其他隐患存在。

(张国保:高级工程师、国家注册安全工程师、国网河南省电网公司专家库成员、河南立新监理咨询有限公司项目部总监理工程师;谢贻辉:中国水利水电第十一工程局正高级工程师、国家注册安全工程师。)

第十一章　冒顶片帮事故（李昭点评）

冒顶片帮：指矿井、工作面、巷道侧壁由于支护不当、压力过大造成的坍塌，称为片帮；顶板垮落为冒顶。二者常同时发生，简称为冒顶片帮。适用于矿山、地下开采、掘进及其他坑道作业发生的坍塌事故。

案例一　重庆某锰业有限公司老田庄锰矿"3·28"较大冒顶事故

2017 年 3 月 28 日凌晨，重庆某锰业有限公司（简称重庆某公司）老田庄锰矿发生一起冒顶事故，造成 3 人死亡，直接经济损失 408.3 万元。

一、事故发生经过

重庆某公司老田庄锰矿发生事故时正处于建设期，公司将其工人分为 3 个班次轮流下井作业，每班工作 8 小时。王某亮（总经理兼矿长）、刘某利（总工）、李某付（机电副矿长）等矿领导按照顺序轮流作为带班领导随工人一同下井。

2017 年 3 月 27 日晚上 21:00，公司安排余某付、蒋某军、冉某 3 名工人到 +180 m 水平绞车房进行锚杆布置作业，一同下井的当班矿领导为李某付。28 日 3:00 许，李某付在与余某付等人通完电话后提前升井，回到宿舍睡觉。7:30 许，换班工人刘某均在井下电话报告，称矿井 +180 米水平绞车房的顶板垮塌，余某付、蒋某军、冉某 3 人被掩埋。

事故发生后，重庆某公司立即组织工人进行自救。10:30 余某付、蒋某军被搜救出井,14:00 冉某被搜救出井,经抵达现场的 120 救护人员确认,3 人均无生命体征。

二、事故原因

(一)直接原因

重庆某公司老田庄锰矿+180 米绞车房顶板岩层呈厚层状,自稳能力差,且由于作业人员在进行锚杆穿孔作业时,未预先护顶,顶板临空体受机械震动影响,在重力作用下坠落,导致事故发生。

(二)间接原因

(1)重庆某公司落实企业主体责任不力。未按照相关规程制订具体的技术措施,违规进行喷锚作业;刘某利作为某公司总工以及事故发生前一班的带班领导,明知+180 米绞车房顶板存在冒顶隐患,但心存侥幸,没有及时采取措施消除隐患,也没有将该隐患告知下一班的带班领导李某付和作业人员。重庆某公司未严格执行隐患排查制度,未严格执行领导带班下井制度;对作业人员进出矿井管理不严格;未严格执行教育培训制度。重庆某公司主要负责人王某亮督促、检查安全生产工作不到位。

(2)秀山县安监局履行安全监管职责不到位,对重庆某公司违规作业、未及时消除隐患、总工履职不到位、未执行交接班制度、带班领导提前离井、教育培训不到位等问题失察。

(3)秀山县溶溪镇政府履行属地监管职责不到位。

三、防范措施

(1)重庆某公司要深刻吸取此次事故的教训,严格执行国家相关法律、法规、规范、标准的规定,制定具体技术措施,杜绝违规、冒险作业;严格执行公司制定的隐患排查、交接班、教育培训等制度;加强作业人员进出矿井口的管理,如实做好"井口原始记录"登记,杜绝代签、造假行为;严格执行带班领导必须与工人同时下井、同时升井,对当班安全生产工作全面负责的规定。

（2）秀山县安监局要依法依规督促企业全面落实安全生产主体责任，对排查出的隐患应当要求企业立即整改，并对整改情况及时进行复查；在检查中发现企业违法行为，必须依法依规严格处罚。

（3）秀山县溶溪镇政府要加强属地监管力度，对检查中发现的问题应当依法依规进行处理。

点评：冒顶片帮事故的主要原因、防范措施和应急处置

冒顶片帮事故，依其范围和伤亡人数，一般可分为大冒顶、局部冒顶、松石冒落三种。局部冒顶和松石冒落统称冒顶事故。这类冒顶事故多发生在以下几种情况：在顶板比较破碎的工作面；在岩层层理、节理、断层比较发育易离层的工作面；在矿井、超深矿井、爆破通风后排除工作不当的工作面。

一、冒顶片帮事故的主要原因

（1）采矿方法选择不合理，顶板支护方法不合理或支护不及时。冒顶事故的发生，一般与矿山地质条件、生产技术和组织管理等多方面因素有关。按事故分类统计资料，属于生产组织管理方面的原因占45.6%，属于物质技术方面的原因占44.2%，属于冒险作业等因素引起的事故仅占10.2%。

（2）采空区暴露面积过大未及时处理，非法违规开采保安矿柱。

（3）周边老采空区未治理，监测不到位。

（4）无设计或不按设计开采，擅自改变采场结构参数。

（5）地质条件变化或地压活动显现；浮石处理方法不当，监护不到位。浮石处理不当所引起的伤亡事故，大多是由于浮石处理前对工作面顶帮缺乏全面细致的检查，以及浮石处理时站立的位置不当和排除工的技术不熟练等造成的。

(6)人员管理跟不上,防护用品使用不当。井下使用的新工人多,对井下作业环境不了解,又缺少安全知识技能的培训,新老交替衔接不上,不能及时有效地"敲帮问顶"而引发事故。在矿井内工作时,由于没有正确使用防护用品而使冒顶事故扩大的事例常有发生。

二、冒顶片帮事故主要防控措施

(1)选择合理的采矿方法和采场布置,严格按设计进行回采,保证合理的暴露空间和回采顺序。要根据不同的地质条件和采矿方法,严格控制采场暴露面积和采空区高度等技术指标,使采场在地压稳定期间采完。

(2)加强顶板观测,及时检查并处理问题,落实顶板分级管理制度,特种作业人员持证上岗。要观测摸索不同岩石岩移的规律,科学地掌握顶板情况。对已发现的不稳定工作顶板,要及时进行处理,并尽可能采用科学有效的措施(如喷锚支护等)防止冒顶事故发生。

(3)强化地压和采空区管理,及时处理采空区。工程地质复杂、有严重地压活动,以及开采深度超过 800 米的地下矿山,必须建立地压监测系统。要避免在断层、节理、层里破碎带、泥化夹层等地质构造软弱面附近布置井巷工程。因为在这些地方布置的工程更易产生冒顶。如井巷工程必须通过这些地带,应采取相应的支持措施或特殊的施工方案。

(4)大力推广充填采矿法,新建地下矿山要首先选用充填采矿法。要不断总结经验,复制有效方法加以应用。

(5)规范员工行为,杜绝冒险蛮干。加强安全教育和安全技术知识的培训工作,提高各级安全管理人员的技术水平和全体从业人员的安全技能,树立"安全第一"的意识,遵章守纪,建立群查、群防、群治的顶板管理制度。在各工作面备有专用撬棍,设立专人或兼管人员具体负责各工作面的排险工作,设立警示标志,做好交接班制度和重点危险源点管理等。

（6）及时有效地开展"敲帮问顶"。检查方法：

听→岩爆声；

看→掉渣、裂缝、全方位查看；

敲帮问顶→用铁锤、钎杆敲击顶帮部；

仪器检测→用科技仪器检测。

三、冒顶片帮事故的应急处置

（一）应急处置程序

（1）冒顶片帮事故发生后，当班人员应及时将现场情况向单位领导报告。

（2）单位领导接到报告后，立即启动应急预案。

（3）预案启动后，应急指挥小组成员必须立即奔赴事故现场组织抢救，保护好现场，并采取积极措施保护和抢救伤员。

（二）现场应急处置措施

（1）应把救护人员的生命安全和身体健康放在首位，切实做好应急救援人员的安全防护，最大限度地减少事故造成的人员伤亡和设备损坏。

（2）救援时要做好现场的应急照明和安全保障工作。

（3）发生一般性冒顶片帮事故，救援人员应对现场情况做出合理的支护、封闭、隔离等工作，待确认安全后，准许施工。

（4）发生大面积冒顶片帮事故，要迅速组织力量展开救援工作，控制事故的扩大。

（5）如果有人员被困，所在地点通风不好，必须设法进行通风。被困人员若因冒顶被堵在里面，应利用压风管、水管，以及开掘巷道、打钻孔等方法，向遇险人员输送新鲜空气、饮料和食物。在抢救中，必须时刻注意救护人员的安全。如果觉察到有再次冒顶危险，首先应加强支护，选择好安全退路。

（6）遇险被困人员要正视发生的灾害，切忌惊慌失措，要靠帮贴身站立,尽量减少体力和隔堵区的氧气消耗,要坚信救援人员一定会积极抢救。如现场有电话,应立即用电话汇报灾情、遇险人数和计划采取的避灾自救措施,也可采取敲击钢轨、管道和岩石等方法,向外发出有规律的呼救信号。

(7)顶板冒落范围不大时,如果被困人员被大块岩石压住,可采用千斤顶等工具将其顶起,将人迅速救出。

(8)顶板冒落,矸石块度比较破碎,被困人员又靠近巷道两帮位置时,可采用沿巷道侧边由冒顶区从外向里掏小洞,架设梯形棚子维护顶板,边支护边掏洞。

(9)较大范围顶板冒落,把人堵在巷道中,也可采用另开巷道的方法绕过冒落区将人救出。

(10)要对事故现场及危险区域进行警戒,现场如有伤员,首先对伤员救护,再送往医院救治。发现有人被矿石埋压时,应按照以下程序进行抢救:认真观察事故地点的顶板和两帮的情况,查明被困者的位置和被埋压的状况。通过由外向里边支护边掏洞的办法救出遇险人员。如果发现顶板或两帮有再冒落的危险,应先维护好顶板和两帮,然后将被困者身上的石块搬开。如果石块较大,无法搬运,可用千斤顶等工具抬起拨开,绝对不可用镐刨或铁锤砸打。

(三)注意事项

(1)在冒落区工作时,要派专人观察周围顶板变化。

(2)在清除冒落岩石时,使用工具要小心,以免伤及被困人员。

(3)应根据冒顶事故的范围大小、地压情况等,采取不同的抢救方法。

(4)做好现场照明工作。

(5)如果救出的人身上有外伤,应迅速移至安全地点,尽快脱掉或剪开衣服,先止住伤口出血,缠上绷带。包扎时,如果伤口里有粉尘,不得用水洗,避免手直接触及伤口,更不可用脏布包扎。

(6)如果救出的人有骨折等现象,应先对骨折做临时固定,条件允许时可给他吃点止痛药和消炎药。但头部和腹部受伤时,不可服药和喝开水。

(7)如果救出的人已停止呼吸,应立即让他躺平,解开他的衣服和裤带,撬开他的嘴,取净他嘴里和鼻孔里的粉尘,用手帕或毛巾拉出他的舌头,然后进行人工呼吸抢救。若心跳也已停止,应进行心脏按压,促使其恢复心跳。进行上述急救后,尽快送达地面转送医院治疗。

(8)在救助过程中,救护人员应加强自我保护,确保抢救行动过程中的人身安全和财产安全。

(李昭:河南金源黄金矿业有限责任公司安环部主任、采矿工程师。)

第十二章　透水事故(张晓宾点评)

透水:指矿山、地下开采或其他坑道作业时,意外水源带来的伤亡事故。适用于井巷与含水岩层、地下含水带、溶洞或被淹巷道、地面水域相通时,涌水成灾的事故。不适用于地面水害事故。

案例一　河南三门峡某矿业有限公司"10·3"较大透水事故

2017年10月3日7时30分,位于河南三门峡市陕州区王家后乡朝阳村的三门峡某矿业有限公司瓦碴坡铝矿地采系统,发生一起较大透水事故,造成6人死亡,直接经济损失约749万元。

一、事故发生经过

2017年10月3日7时30分,三门峡某矿业有限公司瓦碴坡铝矿地采系统负责人霍某宏,拒不执行政府有关部门的停工指令,擅自组织莫某机、成某红、乔某军等9人入井作业。带班队长莫某机安排乔某军、张某东、吕某彦等3人在520上山口挪风机,其他6人向下走去挂风筒布。

10时左右,乔某军、张某东、吕某彦突然感到胸闷、听到流水声,朝520上山没跑几步即晕倒。随后苏醒的吕某彦摇醒乔某军、张某东,3人于11时左右艰难出井后报告事故。

11时15分,瓦碴坡铝矿启动应急预案,成立4个救援小组,开始组织施救;13时10分,三门峡某矿业有限公司向其上一级公司电话报告透水事故时迟报;14时07分,其上一级公司向陕州区安全监管局报告事故。救援过程中,共投入抢险救援队伍500余人,其中义煤集团观音堂矿和石壕矿派出排水、通风专业救护队 2 个共 45 人,投入抢险救援资金 50 余万元,投入 155 m³/h 耐磨多极离心泵 3 台、潜水泵 10 台、压风机 2 台、排水管 1 700 余米等救援设施。至 10 月 4 日 21 时 53 分,经过逾 36 个小时的全力搜救,抽排出近 1 000 方积水,6 名失联人员遗体全部升井。

二、事故原因

(一)直接原因

三门峡某矿业有限公司未按照开发利用方案和初步设计进行施工,是导致事故发生的直接原因之一;三门峡某矿业有限公司瓦碴坡铝矿地采系统负责人霍某宏等人拒不执行有关部门指令,擅自组织人员入井作业,是导致事故发生的另一个直接原因;斜井 400 米处甩车场巷道施工 27.16 米后,受掘进影响,原围岩稳定性发生变化;随废弃矿井老空区积水逐渐增加,破碎岩层受老空区积水长期浸泡后强度降低,导致老空区积水通过破碎带溃入斜井 400 米处甩车场巷道 27.16 米迎头,经甩车场涌入斜井及 570 石门,是导致事故发生的又一个直接原因。

(二)间接原因

(1)三门峡某矿业有限公司和三门峡某矿山工程有限公司驻瓦碴坡铝矿地采系统施工队,安全管理混乱,安全生产条件不符合国家规定。

(2)三门峡某矿业有限公司瓦碴坡铝矿地采系统在施工前未查明矿区范围内及临近周边废弃矿井老空区位置、积水范围、积水量等,未制订探放水方案,施工中没有进行探放水工作。

(3)三门峡某矿业有限公司的上一级公司对三门峡某矿业有限公司监督不力,未有效制止该公司存在的未按照开发利用方案和初步设计组织施工等问题。

(4)陕州区政府有关部门监督监管不力,未及时发现瓦碴坡矿未按开发利用方案和初步设计施工;在向瓦碴坡矿下达停工整改指令后,未能有效督促整改。

(5)降雨对老空区积水补给有一定影响。根据三门峡市气象局科技服务中心提供的瓦碴坡铝矿地采系统所在地,王家后乡 8 月 1 日至 10 月 3 日逐日降水量情况显示,其间降雨天数共计 25 天,总降水量为 300. 2 mm。与同期三门峡市平均降水量(8 月 86 mm,9 月 84 mm)相比明显偏高。

三、防范措施

(1)三门峡某矿业有限公司的上一级公司和三门峡某矿业有限公司要严格落实企业主体责任,做到"五落实、五到位";要召开事故警示教育会议,进一步提高管理人员和职工群众的安全意识,加强从业人员的安全教育、培训和管理,坚决遏制生产安全事故发生。

(2)陕州区政府要深刻吸取事故教训,牢固树立以人为本、安全发展理念,全面落实属地监管,实现责任体系"五级五覆盖";陕州区政府有关部门要认真落实安全监管责任,切实履行综合监管、专业监管和行业管理职责,强化依法治理,采取强有力措施,严检查、严执法、严整改、严处罚、严落实,切实提高安全监管水平,坚决防止各类事故发生。

点评:金属非金属地下矿山透水事故的主要原因、
防范措施和应急处置

一、透水事故的主要原因

(1)对矿区水文地质情况,特别是对老空区积水情况掌握不清。尤其是部分企业安全防范意识不强,重生产、轻安全,明知存在老采空区积水,未采取相关措施治理,急于组织生产,导致事故发生。

（2）破坏防水矿柱或未按设计要求留设防水矿（岩）柱。

（3）未坚持做到"有疑必探，先探后掘"。发生透水事故的矿井均未按照《矿山防治水规定》采取探放水措施，导致掘进工作面与废弃井或采空区老塘水连通，酿成透水事故。

（4）部分矿山负责人未按要求下井带班，透水发生后不能及时组织人员撤离，造成人员伤亡。

（5）部分矿山企业擅自组织非法生产，导致事故发生。

二、透水事故主要防范措施

根据 2014 年 5 月《国家安全监管总局关于严防十类非煤矿山生产安全事故的通知》，透水事故的主要防控措施是：

（1）查清水害隐患。要调查核实矿区范围内的其他矿山、废弃矿井（露天开采废弃采场）、老采空区，以及本矿井积水区、含水层、岩溶带、地质构造等详细情况，并填绘矿区水文地质图；要摸清矿井水与地下水、地表水和大气降水的水力关系，预判矿井透水的可能性。

（2）完善排水系统。要按照设计和《金属非金属矿山安全规程》（GB 16423—2006）建立排水系统，加强对排水设备的检修、维护，确保排水系统完好可靠。

（3）落实探放水制度。要健全防治水组织机构和工作制度，严格按照"预测预报、有疑必探、先探后掘、先治后采"的水害防治原则，落实"防、堵、疏、排、截"综合治理措施；水害隐患严重的矿山要成立防治水专门机构，配备专用探放水设备，建立专业探放水队伍。排水作业人员必须经专门的安全技术培训并考核合格，持证上岗。

（4）强化应急保障。要不断完善透水事故应急救援预案，水文地质情况复杂的矿井要按照要求建设紧急避险设施，并配备满足抢险救灾必需的大功率水泵等排水设备；要加强对作业人员的安全培训和透水事故应急救援预案的演练，提高作业人员应对透水事故的能力；严禁相邻矿井井下贯通，严禁开采隔水矿柱等各类保安矿柱。

三、透水事故的应急处置方案

(一)监测预警阶段

(1)事故征兆。岩壁"挂汗"或"挂红";水叫,空气变冷等。

(2)发出预警。如果发现护壁有渗水,孔底有大量涌水,涌水混浊并伴有泥沙,就要高度警惕;随时向单位负责人报告地下水情变化,严禁擅自盲目作业。

(二)应急行动阶段

(1)发现大量涌水坍塌情况,现场作业人员应当立即逃生并及时向上级报告。

(2)孔内大量涌水后发生坍塌,孔内人员被埋被压或逃生不成功,发现人员应大声呼喊,或报告班组长,或直接报告单位应急自救领导小组人员。

(3)了解孔内人员情况,派人清除孔口周围浮土、松石和杂物,尽量多调用周边抽水泵入孔加大抽水量,同时报告应急小组。

(4)疏散无关人员,划警戒区域,起吊提升装置,将应急爬梯入孔。

(5)选派 1 名身材适当、有救援经验的人员作为营救人员,穿戴好防护用品,下孔救人。另外再安排好孔口接应人员,随时待命。

(6)营救人员携救援装具从应急爬梯入孔,首先除去埋压在伤员身体周围的泥土、石块,让伤员尽快呼吸畅通,血液正常循环。挖出伤员后,迅速采取合适的方法,捆绑到救援绳索上,与孔口接应人员合力将伤员拉(吊)出孔,同时注意自身安全防护。

(7)孔内人员被救出后,如发现溺水情况,立即采取溺水救护方法实施救护,并现场进行止血、包扎等急救处理。

(8)视伤员情况,与附近医院联系或拨打 120 急救电话求助。

(9)如事故超出项目自救能力,要及时向附近矿山救援队或当地政府应急管理部门和消防救援机构请求支援。同时,尽量加大抽排水量。

（10）保护好事故现场，等待事故调查组的调查处理。

（三）外部救援

引导当地消防救援机构和社会救援力量到达事发地点，移交应急指挥权，协助社会救援力量实施救援。

（四）善后处理

应急终止，收集资料，做好记录。

（五）现场清理

整理物资，加强通风，恢复施工。

四、注意事项

（1）救援人员进入井下时，必须先检测有毒有害气体浓度，安全有保障时才能采取救援行动。

（2）救援行动前，需切断井下水淹区域的电源，重新敷设临时供电线路进行抽水作业。

（3）救援过程中，必须时刻检测有毒有害气体浓度，检查支护安全情况。

（张晓宾：河南省三门峡黄金工业学校中级讲师、中国黄金集团安全教育培训中心安全培训部主任。）

第十三章　爆破事故(周东平点评)

爆破事故(放炮)：指施工时,爆破(放炮)作业造成的伤亡事故。适用于各种爆破作业。如采石、采矿、采煤、开山、修路、拆除建筑物等工程进行的放炮作业引起的伤亡事故。

案例一　湖南岳阳某矿业有限公司"7·22"较大爆破事故

2015 年 7 月 22 日 16 时许,岳阳某矿业有限公司临湘市忠防镇中雁村王家山峰雁矿区在作业过程中,发生一起较大爆炸事故,造成 4 人死亡,直接经济损失 300 余万元。

一、事故发生经过

2015 年 7 月 22 日 12 时 30 分,事故发生矿硐负责人魏某皇带领王某它、李某球、何某望、邓某文、魏某红和徐某象 6 人到达事故发生矿硐作业。矿硐里分两个作业组进行作业,魏某皇和李某球负责打炮眼,王某它负责将渣土运出硐外,其余 4 人负责采矿、选矿。15 时 20 分,作业面的炮眼全部打完。15 时 40 分,魏某皇开始在炮眼里装炸药和雷管。15 时 50 分,魏某皇将引爆电线接在雷管上,但并未将电线接上电源。当时何某望、邓某文、魏某红和徐某象正在矿硐中台阶坑下面炮眼附近处收拾工具,王某它、魏某皇、李某球三人在台阶上面清渣施工。忽然硐里的照明灯一闪,轰的一声巨响,发生了爆炸。

爆炸发生后,魏某皇、王某它和李某球立即跑到四人所处的位置,看到何某望坐在地上,左脚被落石压住,邓某文趴在地上喊疼。

由于无法搬动压在何某望身上的落石,魏某皇等三人就先将邓某文抬出硐。16 时 16 分,魏某皇拨打了 120 急救电话后就在硐外等救护车。李某球和王某它继续进硐救人,进硐后又找到了趴在地上痛苦呻吟的徐某象,李某球和王某它将其抬出硐后再返回救何某望。两人用铁撬棍撬开压在何某望左腿上的石头后,将何某望救出硐,因伤势过重,在搬出矿硐后不久,何某望死亡。爆炸发生后,周边矿硐的工人也过来帮助救援,在最后清理爆炸现场石头时发现了魏某红的遗体。16 时 20 分,公司主要负责人助理李某军接到矿硐报案电话后,当即安排魏某皇组织现场人员抢救伤员,同时拨打 120 请求医疗支援,并打电话给行政部长敖某,要求敖某向主管职能部门上报事故情况。17 时 07 分,敖某向临湘市安监局矿山股股长戴某波电话报告事故情况。医疗救护车到达现场后,徐某象、邓某文当即被送往医院进行抢救,后因二人伤势过重,经抢救无效死亡。

事故共造成 4 人死亡,直接经济损失 300 余万元。

二、事故原因

(一) 直接原因

(1) 事故发生矿硐内爆破作业人员无《爆破作业人员许可证》违规作业,在与爆破无关人员未撤离爆破作业现场的情况下就进行爆破网路架设,同时事故发生矿硐内起爆线、连接线与其他电力线路布置不当,起爆线路与其他电力线路隔离不到位。

(2) 动力和照明线路破损、芯线外露产生漏电,加之矿硐所在矿区有雷雨现象,雷电作用加强了电雷管网路内的杂散电流强度,致使5 个已安装炸药、雷管的炮眼中 3 个炮眼提前早爆。

(二) 间接原因

(1) 岳阳某矿业有限公司违法组织地下开采。该公司虽已取得露天开采长石《安全生产许可证》,但未向安监部门申报并取得地下开采长石《安全生产许可证》;该公司违法将事故发生矿硐发包给没有相关开采资质的魏某皇进行开采;该公司没有执行民用爆炸物品回库制度,未建立回库台账,违法设立爆炸品仓库,并聘请无相应资质人员看守。

(2)岳阳某矿业有限公司对从业人员进行安全教育培训不到位。该公司以采矿作业点人员进出频繁为由,没有对从业人员进行安全教育培训。

(3)临湘市忠防镇党委和镇政府贯彻落实上级党委、政府关于安全生产工作的部署和要求,组织开展"打非治违"不力,对事故发生矿硐长期违法开采行为没有采取有效措施制止。

(4)临湘市人民政府组织开展非煤矿山"打非治违"工作推进不到位,没有及时督促相关部门采取有效措施打击非煤矿山领域的非法违法行为。

(5)临湘市国土局履行矿产资源监督管理职能,组织开展矿产资源领域"打非治违"工作不到位。

(6)临湘市公安局履行民用爆炸物品安全管理职能不到位,对某矿业有限公司没有落实民用爆炸物品管理制度,未建立回库台账,违法设立临时仓库储存民用爆炸物品的行为没有及时发现、查处。

(7)临湘市安监局对非煤矿山监督管理、开展非煤矿山"打非治违"工作不到位。

三、防范措施

(1)岳阳某矿业有限公司要深刻吸取本次事故的教训,按照法定程序完成整合,在证照齐全、符合安全生产条件的情况下方可投入生产;要加大对爆破现场设施设备的隐患排查治理力度,确保爆破现场作业安全;要加强民用爆炸物品的管理,严格按照《民用爆炸物品安全管理条例》的要求,督促当班作业人员在爆破作业后将剩余的民用爆炸物品清退回库;要切实加强安全教育培训工作,依法依规制订教育培训计划并严格落实。

（2）临湘市政府、忠防镇政府要依据相关法律法规的要求，认真落实安全生产"党政同责""一岗双责"的规定，进一步完善"打非治违"工作机制，强化整顿整治措施，严厉打击安全生产非法违法等行为，切实提高安全生产属地监管水平。

（3）临湘市国土局要依法打击矿山的违法开采行为。临湘市公安局要加强民用爆炸物品的日常管理，加大对民用爆炸物品使用单位的监管力度，防止民用爆炸物品用于无证无照或证照不全场所。

点评：非煤矿山爆破事故的主要原因、防范措施和应急处置

爆破危害包括早爆、迟爆、拒爆等爆破事故，以及引起的地震、空气冲击波、爆破飞石、炮烟中毒等危害。据统计，爆破事故占非煤矿山工伤事故的 30% 左右。

一、非煤矿山爆破作业危险、有害因素

爆破作业是非煤矿山生产过程中的重要工序，其作用是利用炸药在爆破瞬间放出的能量对周围介质做功，以破碎矿岩，达到掘进和采矿的目的。

在非煤矿山开采过程中须使用大量的炸药。炸药运输的途中、装药和起爆的过程中、未爆炸或未爆炸完全的炸药在装卸矿岩的过程中，都有发生爆炸的可能。爆炸产生的振动、冲击波和飞石对人员、设备设施、构筑物等有较大的损害。

（一）爆破作业中的几种意外事故

（1）拒爆。

（2）早爆。

（3）自爆。

（4）迟爆。

(二)爆破产生的有害效应

(1)爆破地震效应。炸药在岩土体中爆炸后,在距爆源一定范围内,岩土体中产生弹性震动波,即爆破地震。

(2)爆破飞石。飞石是爆破时从岩体表面射出且飞越很远的个别碎块。爆破时,由于药包最小抵抗线掌握不准,装药过多,造成爆破飞石超过安全允许范围,或因对安全距离估计不足,造成人身伤亡和设备损失,是爆破产生的有害效应之一。

(3)爆破冲击波。爆破时,部分爆炸气体产物随崩落的岩土冲出,在空气中形成冲击波,可能危害附近的构筑物、设备设施和岩体等。

(4)爆破有毒有害气体。爆破时会产生大量的有毒有害气体,如果没有及时稀释和排出,过早进入工作面将会对作业人员的身体造成极大伤害,甚至导致人员中毒死亡。

(三)易发生爆破事故的场所

在非煤矿山开采过程中,可能发生爆破事故的作业场所主要有炸药库、运送炸药的巷道、运送矿岩的巷道、爆破作业的工作面、爆破作业的采场、爆破后的工作面、爆破后的采场、爆破器材加工地等。

二、爆破事故的主要原因

(1)违规使用明令禁止的炸药和爆破工艺。

(2)炸药变质或起爆器材失效。

(3)无爆破设计、爆破设计不合理或未按照爆破设计实施爆破作业。

(4)爆破作业现场炸药与起爆器材违规码放。

(5)非爆破专业人员作业,爆破作业人员违章。

(6)处理空炮、哑炮、残炮、缓炮时,违规操作引起早爆。

(7)违规在夜间、雷雨、大雾、大风等恶劣天气或工业电流影响下进行爆破作业。

（8）放炮后过早进入工作面。

（9）警戒不到位，违规在警戒线内避炮或联络信号不完善。

（10）安全距离不够。

（11）其他原因。

三、爆破事故的防控措施

(一) 预防爆破事故的主要政策措施

必须严格执行公安部《从严管控民用爆炸物品十条规定》(公通字〔2015〕29号)。同时，根据2014年5月《国家安全监管总局关于严防十类非煤矿山生产安全事故的通知》，严防爆破事故的主要政策措施是：

（1）确保爆破作业人员具备相应资格。从事爆破作业的人员必须经专门的安全技术培训并考核合格，持证上岗。

（2）加强井下炸药库安全管理。井下炸药库的建设、通风、储存量、消防设施等必须符合设计要求，必须严格执行爆破器材入库、保管、发放、值班值守和交接班等管理制度，严禁非工作人员进入炸药库；严禁在井下炸药库30米以内的区域进行爆破作业，在距离炸药库30~100米区域内进行爆破时，禁止任何人在炸药库内停留。

（3）严格爆破器材安全管理。爆破材料必须用专车运送，严禁用电机车或铲运机运送爆破材料，严禁炸药、雷管同车运送，严禁在井口或井底停车场停放、分发爆破材料；井下工作面所用炸药、雷管应分别存放在加锁的专用爆破器材箱内，严禁乱扔乱放；爆破器材箱应放在顶板稳定、支护完整、无机械电器设备的地点，起爆时必须将爆破器材箱放置于警戒线以外的安全地点；当班未使用完的爆破材料，必须在当班及时交回炸药库，不得丢弃或自行处理。

（4）规范爆破作业。矿山爆破工程必须编制爆破设计书或爆破说明书，制定爆破作业安全操作规程；必须严格按照作业规程进行打眼装药，严禁边打眼、边装药，边卸药、边装药，边连线、边装药；严禁用爆破方式破碎石块;小型露天矿山和小型露天采石场要聘用专业爆破队伍进行爆破作业;要积极采用非电起爆技术,露天矿山在雷雨天气时,严禁爆破作业。

(二)预防爆破事故的安全技术措施

(1)必须按照爆破设计进行爆破,严禁在雷雨天采用电雷管起爆。

(2)严格按照操作规程进行。爆破作业人员必须取得爆破员的资格;各种爆破都必须编制爆破设计书或爆破说明书。设计书或说明书应有具体的爆破方法、爆破顺序、装药量、点火或连线方法、警戒安全措施等;爆破过程中,必须撤离无关人员。

(3)装药、充填。装药前必须对炮孔进行清理和验收,使用竹木棍装药,禁止用铁棍装药。在装药时,禁止烟火、明火照明。在扩壶爆破时,每次扩壶装药的时间间隔必须大于 15 分钟,预防炮眼温度太高导致早爆。除深裸露爆破外,任何爆破都必须进行药室充填,填塞要十分小心,不得破坏起爆网路和线路。

(4)设立警戒。爆破前必须同时发生声响和视觉信号,使危险区内的人员都能清楚地听到和看到,地下爆破应在相关的通道上设置岗哨,地面爆破应在危险区的边界设置岗哨,使所有通道都在监视之下,并撤走爆破危险区的全部人员。

(5)点火、连线、起爆。采用导火索起爆,应不少于两人进行,而且必须用导火索或专用点火器材点火。单个点火时,一人连续点火的根数,地下爆破不得超过 5 根,露天爆破不得超过 10 根。导火索的长度应保证点完导火索后,人员能撤至安全地点,但不得短于 1.2 米。

用电雷管起爆时,电雷管必须逐个导通,用于同一爆破网络的电雷管应为同厂同型号。爆破主线与爆破电源连接之前,必须测全线路的总电阻值,总电阻值与实际计算值的误差须小于±5%,否则禁止联接。大型爆破必须用复式起爆线路。

（6）爆后检查。爆破后,经过一段时间(露天爆破不少于5分钟,地下爆破不少于15分钟,还要通风吹散炮烟后),再确认爆破地点安全,经爆破指挥部或当班爆破班长同意,发出解除警戒信号,才允许人员进入爆破地点。

（7）盲炮处理。拒爆产生的盲炮包括瞎炮和残炮。发现盲炮和怀疑有盲炮,应立即报告并及时处理。若不能及时处理,应设明显的标志,并采取相应的安全措施。禁止掏出或拉出起爆药包,严禁打残眼。盲炮的处理主要有下列方法：

①经检查,确认炮孔的起爆线路完好而漏接、漏点火造成的拒爆,可重新进行起爆。

②打平行眼装药起爆。对于浅眼爆破,平行眼距盲炮孔不得小于0.3米,深孔爆破平行眼距盲炮孔不得小于10倍的炮孔直径。

③用木制、竹制或其他不发火的材料制成的工具,轻轻地将炮孔内大部分填塞物掏出,用聚能药包诱爆。

④若所用炸药为非抗水硝铵类炸药,可取出部分填塞物,向孔内灌水,使炸药失效。

四、爆破事故的应急处置

（一）爆破事故应急处置程序

1. 事故报警

现场爆破人员一旦发现事故征兆,如盲炮、哑炮等,第一个发现人员应立即向现场处置小组报告。

2. 应急措施启动

（1）现场处置小组接警后,应当立即到达险情现场了解情况。需要进行救援的,立即启动现场处置方案,实施救援,防止事故恶化。

（2）当险情加大时,现场处置小组应立即实施应急自救,同时将事故情况立即报告本单位负责人。本单位负责人根据事故的大小和发展态势,在1小时内向当地政府应急管理部门报告,并同时启动本单位相应级别的应急预案。

(3)当事故超出本单位应急处置能力时,单位负责人应向当地政府应急管理部门和消防救援机构请求支援。

(二)现场应急处置措施

(1)报警。当爆炸事故发生后,现场发现人应立即报告给本单位负责人和现场安全管理员,对事故现场进行警戒。

(2)警戒。现场安全管理员根据爆破危及的情况大小,划定警戒区域,实施警戒隔离。

(3)人员疏散。事故发生后,现场安全管理员立即疏散事故现场无关人员。

(4)单位负责人组织爆破场所波及范围内的人员进行撤离,组织抢救受伤人员和被困人员。

(5)应急救援。当爆炸引起建筑物发生坍塌,造成人员被埋、被压的情况时,应在确认不会再次发生同类事故的前提下,立即组织人员抢救受伤人员。

(6)现场恢复。救援结束后,注意保护好现场,积极配合有关部门的调查处理工作。

(7)做好伤亡人员的善后处理、现场清理、尽快恢复生产。

(8)应急结束。事故消除,现场恢复后,做好处置过程的评估总结。

(三)注意事项

(1)在进行现场救护前,应对现场进行评估,如若有可能再次发生爆炸,应先进行排爆;建筑物有再次坍塌危险时,应先进行支护或采取其他加固措施,以避免造成二次伤害。

(2)应了解现场原有人数、现仍未抢救出来的人数。

(3)应急救援人员进入现场必须佩戴个人安全防护用品,应佩戴防中毒窒息用具进行救护,听从指挥,不冒险蛮干。

（4）备齐必要的应急救援物资，如车辆、吊车、担架、氧气袋、止血带、通信设备等。

（5）当核实所有人员获救后，应保护好事故现场，等待事故调查组进行调查处理。

（周东平：河南秦岭黄金矿业有限责任公司安环部主任、国家注册安全工程师。）

第十四章 火药爆炸事故
（田文生、郭传玉点评）

火药爆炸：指火药与炸药在生产、运输、储藏的过程中发生的爆炸事故。适用于火药与炸药生产在配料、运输、储藏、加工过程中，由于振动、明火、摩擦、静电作用，或因炸药的热分解作用，储藏时间过长或因存药过多发生的化学性爆炸事故，以及熔炼金属时，废料处理不净，残存火药或炸药引起的爆炸事故。

案例一 河北唐山某（集团）化工有限公司"3·7"重大爆炸事故

2014 年 3 月 7 日 11 时 25 分，位于唐山市古冶区赵各庄北的唐山某（集团）化工有限公司乳化炸药生产车间发生重大爆炸事故，造成 13 人死亡，直接经济损失 1 526.53 万元。

一、事故发生经过

事故生产线控制室计算机和视频数据显示：3 月 7 日 6 时 43 分，生产线自动控制系统计算机送电。6 时 45 分，工控系统开机，水相、油相开始加温，初始温度分别为 79.9 ℃和 66 ℃。8 时 06 分，输料螺旋启动，开始向水相罐内加料。8 时 18 分，停止加料。8 时 53 分，水相化验人员进行检验。10 时 18 分，乳化器启动。10 时 26 分，乳化器停止。10 时 31 分，切换水相制备 B 罐后，乳化器再次启动。11 时 22 分，乳化器停止。至 11 时 25 分，累计生产乳化炸药 428 卷，计 3 424 千克，其中 1 号机生产 377 卷、2 号机生产 51 卷。11 时 25 分，工房突然发生爆炸。

爆炸现场形成一个大爆坑和一个爆炸压痕。大爆坑直径 5.22 米,深 1.27 米。装药机位置的爆炸压痕东西长 3.5 米,南北宽 2 米。

水相油相制备罐、乳化器、冷却机基本完好并保持原来位置。敏化机被推到东侧隔墙边并侧翻,存留的约 80 千克乳化炸药,无燃烧爆炸痕迹。以上设备均未参与爆炸。

装药车间内有 5 台装药机,其中 2 台为晓进装药机、3 台为 KP 装药机,自东向西依次排列。爆炸发生后,3 台 KP 装药机基本完整,仅出现变形和扭曲(其喂料泵料斗变形、泵腔完整),与 2 台喂料泵倒在装药间内的西北角,另 1 台喂料泵在装药间内的北侧,KP 装药机及喂料泵未参与爆炸。2 台晓进装药机彻底解体,无完整、完好的零部件,碎块分布于四周,正南偏西方向居多,参与了爆炸。

经计算,参与爆炸的乳化炸药为 977 千克,折算成 TNT 炸药当量约为 683.9 千克。爆炸造成装药间主体结构摧毁,框架柱炸弯、炸倒,框架梁炸断、炸塌,屋盖炸碎,前后维护墙均炸飞。装药间东侧的乳化敏化间主体结构及外墙基本完好,乳化敏化间与装药间的隔墙被向东推倒。装药间西侧的包装间主体结构受破坏,两侧外墙受损严重,装药间与包装间的隔墙和山墙被向西摧毁,局部屋顶坍塌。周围建筑物的主体结构均没有明显的受损痕迹,主要是窗框、窗扇、门和玻璃破坏,最远波及范围为 294 米。3 月 10 日,抢险救援结束。共清理土方约 1 000 吨、建筑垃圾约 1 200 吨。收集可疑尸块 857 块。装运硝酸铵 5 000 千克、发泡剂 3 270 千克、复合油相 4 825 千克、氯化铵 3 120 千克、氯化钾 2 850 千克,全部转移到库房封存。事故共造成 13 人死亡,直接经济损失 1 526.53 万元。

二、事故原因

(一)直接原因

晓进装药机叶片泵内存有死角,结构设计不合理,容错能力低、风险大,存在固有缺陷。装药机转子与转子下端面和泵底上端面之间的物料摩擦、转子上下端面与泵体端面之间金属摩擦产生的热积累,导致物料中的析晶含油硝铵发生热分解,最终导致爆炸。

(二)间接原因

(1)石家庄某机械制造科技有限公司研发和生产的装药机执行国家标准和行业标准不到位,生产的叶片泵装药机用于乳化炸药生产存在安全隐患。

(2)南京某科技化工有限公司对晓进公司研发的大直径叶片泵装药机出具的安全评价报告重要条款严重漏评。未按照《机械工业产品设计和开发基本程序》(JB/T 5055—2001),对晓进装药机的设计计算、技术设计与开发评审、材料选择、工艺工装评审、型式试验等项目做出评价。

(3)唐山某(集团)化工有限公司安全管理不到位。职工教育培训不到位,隐患排查不彻底。

(4)唐山市工信局对唐山某(集团)化工公司的安全生产检查不到位。

三、防范措施

(1)由唐山市工信局对叶片泵在乳化炸药生产过程中的安全性能重新进行鉴定和试验。在未出鉴定结论前,停止使用该类型装药机。

(2)由唐山市工信局提请河北省工信部门建议国家将乳化炸药装药机纳入特种设备管理,并修订和完善民爆行业管理法规和规程,健全各类民爆生产专用设备设施、产品质量安全管理制度规程。

(3)省、市工信部门要加强乳化炸药装药机等专用设备的设计、制造、使用等环节的安全监管,严格市场准入,督促乳化炸药装药机制造商认真执行国家标准和行业标准,进一步改进乳化炸药装药机泵送系统,降低泵腔内机械摩擦、撞击、挤压和集药死角带来的风险,并不断完善相关技术规范,采取有效措施消除固有隐患。

（4）省、市工信部门要严格落实安全监管责任，按照管行业必须管安全、管业务必须管安全、管生产经营必须管安全的原则，不断完善民爆行业安全生产监管体系。

（5）石家庄某机械制造科技有限公司等乳化炸药设备生产厂家应对使用单位做好安全技术交底，对民爆专用生产设备的风险进行有效辨识，并提出明确的风险管控措施，同时对使用维护及维修保养做出详细说明。

（6）唐山某（集团）化工有限公司等乳化炸药生产厂家要全面落实企业安全生产主体责任，落实乳化炸药装药机安全监测连锁装置的有效性，确保安全生产。

案例二　河南开封市通许某村"1·14"重大烟花爆竹爆炸事故

2016年1月14日10时40分，开封市通许县长智镇某村发生一起烟花爆竹爆炸事故，造成10人死亡、7人受伤，直接经济损失941万元。

一、事故发生经过

2016年1月14日8时，朱某义、李某元烟花爆竹厂区作业人员陆续开工。10时40分，李某元南侧装药棚首先发生轰爆，瞬间引发东相邻的两个露天作业点，以及西北相邻的露天存药处和配药棚发生爆炸，又连环引起李某元堆放在1号仓库内的成品发生爆炸，仓库垮塌。紧接着配药棚、装药棚相继爆炸，导致朱某义堆放在2号仓库的数千千克亮珠和烟花爆竹成品、半成品发生爆炸，最后又引爆北边两个装药棚，整个厂区炸毁，造成10人死亡、7人受伤。

二、事故原因

（一）直接原因

装药工李某在装药棚进行双响炮装发射药过程中，由于静电积聚并瞬间释放引发爆炸。

(二) 间接原因

(1) 尉氏县蔡庄镇某村农民朱某义、滑县大寨乡李中街农民李某元租用不具备安全生产条件、没有资质的场所,非法购进原材料,非法组织生产、销售烟花爆竹。

(2) 通许县某烟花爆竹有限公司吴某科违法为朱某义、李某元非法生产烟花爆竹提供场所和原料。

(3) 开封市通许县长智镇某村落实烟花爆竹“打非”工作不力。

(4) 通许县安全监管局、通许县公安局、通许县国土局、通许县质监局、通许县工商局、通许县城建局、通许县发展和改革委等相关部门履行烟花爆竹“打非”职责不到位。

(5) 通许县委、县政府履行“党政同责、一岗双责”职责不力,组织、领导、督促相关部门落实烟花爆竹“打非”工作职责不到位。

(6) 开封市安全监管局督促指导通许县安全监管局履行安全监管不到位。

(7) 河南省安全监管局安全生产许可证审批后监管指导不到位。

三、防范措施

(1) 健全“打非治违”工作机制,明确分工。全省各级各部门要切实加强打击非法违法制售烟花爆竹的组织领导,建立健全“打非治违”领导机制和工作机制,明确“打非治违”成员单位职责。

(2) 深入开展“打非治违”专项治理行动,狠抓落实。全省各地各部门,尤其是开封市和通许县,要深刻吸取事故教训,切实重视烟花爆竹旺季“打非治违”工作,及时发现并严厉打击各类非法违法生产经营活动。

(3) 全省各类烟花爆竹生产经营单位要认真吸取事故教训,严格落实安全生产主体责任。

(4) 加强社会监督,奖励群众举报。

（5）严格安全设施设计、安全验收评价等中介机构的监管。行业部门要加强对中介机构安全设施设计、安全验收评价活动的监管，提高准入门槛，规范设计、评价行为。

（6）河南省有关部门要研究制定烟花爆竹生产企业退出意见。

点评：火药爆炸事故的主要原因、防范措施和应急处置

黑火药火炸药统称为火药。火药爆炸事故是一种化学性爆炸事故，它主要包括火药生产厂家发生的爆炸事故，如 2014 年河北唐山某（集团）化工有限公司"3·7"重大爆炸事故；火药加工厂家（烟花爆竹厂家）发生的爆炸事故，如 2016 年河南开封市通许某村"1·14"重大烟花爆竹爆炸事故。不包括爆破事故。

黑火药简称黑药，因为它在燃烧时会产生烟，又称烟火药。虽然已经被无烟火药和三硝基甲苯等炸药取代，但是现在还有生产以作为烟花、鞭炮、导火索、点火药、采石、模型火箭、战争电影的爆炸特效、发烟特效的发射药等使用。黑火药是以硝酸钾为氧化物，木炭为可燃物，硫黄为黏合剂的一种机械混合物。

火炸药包括炸药、发射药和固体推进剂。它广泛应用于爆破工程、爆炸加工、矿山开采、地质勘探、石油开采等许多工程建设和生产领域。如果管理不当或生产中出现失误，就可能发生火灾、爆炸、中毒或灼伤等事故，影响到生产的正常进行。轻者影响到产品的质量、产量和成本，造成生产环境的恶化；重者造成人员伤亡和巨大的经济损失，甚至毁灭整个工厂。

烟花爆竹的危害也很严重，它给人们带来的不只是血与火。炮药是黑火药，其主要成分是硝酸钾、硫黄和木炭。为了增加鞭炮的响度，炮药中有时加入了氯酸钾作为氧化剂，炮药一经点燃，迅速发生化学反应，产生氯化钾、硫化钾、硫化氢、二氧化硫、一氧化碳，以及少量的氰化钾。其中硫化钾、二氧化硫是有毒物质；硫化氢是强刺激性

气体,且毒性较大;一氧化碳可使人窒息中毒;而氰化钾是剧毒物质,这些化学物质对呼吸系统、神经系统和心血管系统的一系列疾病起着"推波助澜"的作用。春节期间,因脑血管,冠心病急性发作等猝死者大量增加,烟花爆竹所致的污染也是诱发因素之一。烟花爆竹燃放时的爆炸声可达 130 分贝以上,远远超过人的听觉范围和忍耐限度,若在耳边炸响,往往能造成爆炸性耳聋。而且,空气中的二氧化碳、一氧化碳等有害气体大大超过了国家的标准,对公民身心健康危害极大。因此,2017 年河南省人民政府决定全省整体退出烟花爆竹产业。

一、火药爆炸事故产生的主要原因

(一)发生火药爆炸事故的主要原因

(1)生产不稳定,设备故障频繁,造成工艺紊乱,是发生火药爆炸事故的最大隐患。

(2)生产开车、停车过程是生产的不正常状态,是生产安全事故的易发期,对于生产过程中的异常情况处置不当,稍有不慎,就易造成火药爆炸事故。

(3)生产设备检修时期危险因素多,危险作业多,是火药爆炸事故的高发期。

(4)火化工生产违章违纪是安全生产的大敌,是造成大多数火药爆炸事故的根源。

(5)员工安全教育培训和应急救援预案演练缺失,是造成火药爆炸事故扩大与蔓延的主要原因。

(二)发生烟花爆竹爆炸事故的主要原因

1. 不严格遵守国家有关安全技术规程和安全规范

一些烟花爆竹企业达不到国家有关规范的标准。生产企业不具备基本的安全条件,缺乏必要的消防设施,生产设备简陋,操作方法原始。

另外,有些企业对已有的隐患不进行整改,致使同类事故反复发生。有的为了适应市场的需要,不顾国家的禁令,将礼花弹直径越做越大,品种越搞越多,危险性也越来越大。

2. 生产工艺落后,产品质量差

由于没有严格规范的质量控制体系和产品检验程序,在生产过程中药物多装、少装、漏装、倒装现象时有发生。一些业主为了获取经济利益,迎合一些消费者猎新、猎奇的心理,生产国家明令禁止的大剂量、高感度的烟花爆竹。同时一些烟花爆竹的引线也存在着严重的质量问题,有的引线过短或结构松散或受潮、发霉、破损,燃烧极不稳定。

3. 不重视安全培训,企业员工业务素质差

烟花爆竹企业的操作人员绝大多数是当地农民,季节性强,人员流动性大,普遍没有经过安全知识培训,安全意识淡薄。"违章作业、违章指挥、违反劳动纪律"的"三违"行为在烟花爆竹企业比较突出。

二、火药爆炸事故预防措施

(一) 预防火药爆炸事故的安全技术措施

(1)火药的生产工艺技术必须是成熟、可靠或经过技术鉴定的。

(2)凡从事火药生产、储存的企业,应制定能指导正常生产作业的工艺技术规程和安全操作规程。

(3)可能引起燃烧爆炸事故的机械化作业,应根据危险程度设置自动报警、自动停机、自动卸爆、应急等措施。

(4)所有与危险品接触的设备、器具、仪表应相容。

(5)有危及生产安全的专用设备应按有关规定进行安全鉴定。

(6)预防火药生产中混入杂质。

(7)在生产、储存、运输时,不允许使用明火,不得接触明火或表面高温物。特殊情况需要使用时,在工艺资料中应做出明确说明,并应限制在一定的安全范围内,且遵守用火细则。

(8)在生产、储存、运输等过程中,要防止摩擦和撞击。

(9)要有防止静电产生和积累的措施。

(10)火药生产厂房内的所有电气设备都应采取防爆电气设备,所有设施都应满足防爆要求。

(11)生产、储存工房均应设置避雷设施,所有建筑物都必须在避雷针的保护范围内。

(12)在火药的生产中,避免空气受到绝热压缩。

(13)要及时预防机械和设备故障。

(14)生产所用设备在停工检修时,要彻底清理残存的火药。需要电焊时,除采取相应的安全措施外,还要采取消除杂散电流的措施。

(二) 火药生产过程的人防和物防措施

1. 人防措施

(1)建立健全各类人员岗位安全责任制和防火制度,并认真贯彻执行。

(2)建立危险点巡回检查制度,分级定期检查,发现隐患必须采取有效措施尽快排除。

(3)建立健全各级防火组织机构,并定期进行演练。

(4)从业人员必须经安全培训合格后持证上岗。

(5)制定科学合理的劳动作业班制,根据生产设计能力均衡组织生产。在生产、运输过程中要轻拿轻放、稳步行走、严禁超负荷运行。当恶劣气候危及安全生产时,应立即停止生产并在停产后采取有效的安全措施,以防意外情况发生。

(6)组织有关人员定期对电气设备保护装置、避雷装置、导除静电管路装置等进行检修。

(7)加大重大危险源检查和隐患整改力度,减少或杜绝各类安全隐患的存在。

（8）在保证正常生产、储存的条件下，严格控制危险物资在生产、储存各个环节的储量。

（9）危险物资工房、库房均要设置避雷针、二次防雷和防护土堤。

（10）各危险源要设置和配齐配全消防灭火设施及器具。

（11）在生产工艺上采取各种防火、防爆的安全措施。

（12）增强从事危险品作业人员的安全第一意识，提高生产作业人员安全技能素质，激发员工自主保安积极性。

（13）有温度、压力要求的工序和设备要随时观察、记录，按工艺规程严格控制。

2. 物防措施（电子视频监控）

（1）对火药仓库和各个生产工序节点安装防爆电子监控系统。

（2）电子监控系统保持 24 小时运行状态。

（3）电子监控视频录像最少保存 3 个月。

（三）预防烟花爆竹爆炸事故的主要措施

1. 烟花爆竹生产过程中的防爆措施

（1）领药时要按照"少量、多次、勤运走"的原则限量领药。

（2）装药、筑药应在单独工房操作。装、筑不含高感度烟火药时，每间工房定员 2 人；装、筑高感度烟火药时，每间工房定员 1 人，半成品、成品要及时转运，工作台应靠近出口窗口；装药、筑药工具应采用木、铜、铝制品或不产生火花的材质制品，严禁使用铁质工具，工作台上等冲击部位必须垫上接地导电橡胶板。

（3）钻孔与切割有药半成品时，应在专用工房内进行。每间工房定员 2 人，人均使用工房面积不得少于 3.5 平方米，严禁使用不合格工具和长时间使用同一件工具。

（4）贴筒标和封口时，操作间主通道宽度不得少于 1.2 米，人均使用面积不得少于 3.5 平方米，半成品停滞量的总药量，人均不得超过装药、筑药工序限量的 2 倍。

（5）手工生产硝酸盐引火线时，应在单独工房内进行。每间工房定员 2 人,人均使用工房面积不得少于 3.5 平方米,每人每次限量领药 1 千克;机器生产硝酸盐引火线时,每间工房不得超过 2 台机组,工房内药物停滞量不得超过 2.5 千克;生产氯酸盐引火线时,无论手工或机器生产,都限于单独工房、单机、单人操作,药物限量 0.5 千克。

(6)干燥烟花爆竹时,一般应采用日光、热风散热器、蒸气干燥、红外线或远红外线烘烤,严禁采用明火。

2. 烟花爆竹经营过程中的防爆措施

(1)严格遵守国家及地方有关安全生产的法律法规。

(2)加强管理工作,加强人员的安全培训考核,凡经销、储运人员必须培训考核合格,具有本行业资格证书。储存、运输的地点、工具必须符合国家有关法规及规程的要求,确保安全。

(3)产品必须是国家定点正规厂家生产的合格产品,产品合格证书、使用说明书、生产许可证齐全、真实,符合要求规定。

(4)产品的堆放、搬运、数量及消防要求符合国家行业标准及产品说明书的要求。

(5)产品的使用、燃放严格按说明书的要求进行,严禁手持燃放。严禁在易燃易爆危险品存放处、重要设备设施存放处、医院、学校、街道、市场、居民居住区等人员集中场所附近(50 米范围内)燃放、储运本产品,必须在空旷、通风的旷野地带进行燃放。

(6)禁止少年儿童接触、燃放本产品,必须在其家长安全监护下进行。

三、火药爆炸事故的应急处置

(一)火药爆炸事故应急处置的基本原则

(1)当紧急情况或事故发生时,车间各班组一律服从应急救援指挥调动,不得以任何理由和借口拒绝执行命令。

(2)应急救援行动要把保护人员的生命安全放在第一位。要迅速组织抢救受伤人员,撤离、疏散可能受到伤害的人员,最大限度地减少人员伤亡。

（3）应急救援行动必须准确判断残留危险品是否还有爆炸可能，严防二次爆炸事故发生。

（4）按照事故危险源的类型，采取不同应急救援措施，及时有效地控制事故。

（5）对可能发生、无法直接施救或可能产生较大次生灾害事故的，应采取有效方案，组织人员迅速撤离现场。

（二）火药爆炸事故现场处理措施

（1）火药爆炸事故发生后，现场人员一定要保持冷静，不慌乱。要迅速判断事故的大小、部位、原因、状况，及时向上级值班人员和本单位领导汇报，启动危险报警装置。

（2）本单位领导接到汇报应立即赶赴现场，果断切断与事故地点相连的供水、供电，使用应急照明系统，以免事故进一步扩大。

（3）如果事故较小，可立即使用救灾器材展开自救；如果事故较大，无法就地自救，本单位领导应立即组织人员撤离。通知鸣放警报，召集事故应急救援人员，安排具体救援方案，开展救援工作，并向当地政府应急管理部门和消防救援机构报告。

（4）由医疗救援队采取急救措施，立即开展对伤员的现场急救工作。如：人工呼吸，心肺复苏，上夹板，固定颈部、腰部等受伤部位，包扎伤口，止血等，并尽快把伤员送到医院抢救。同时清点好伤亡人数，尽快寻找到遇险人员的准确位置，开展救援工作。

（5）现场所有人员必须服从救援总指挥的调度，不得擅自行动，以免事故进一步扩大或造成救援人员人身伤害等二次事故。

（6）救援总指挥应根据事故具体情况，充分估计到事故扩大或发生二次事故的可能性，并密切监视、采取相应措施。

（7）救援领导组要迅速判断事故影响范围及可能影响范围，立即下达命令，在事故现场周围设置警戒线，严禁其他人员进入现场，并组织人员将可能影响范围内的所有人员全部撤离危险区。人员行动时要避开烟、火及受损的危险建筑物,沿上风头方向向新鲜风流中安全路线迅速撤退。

(8)救援领导组要将事故发生的时间、地点、原因、处理方法等做详细记录,配合地方政府依法依规做好事故的调查处理工作。

(田文生:濮阳市应急管理局调查评估和统计科科长;郭传玉:濮阳市安全生产监察执法支队中队长、国家注册安全工程师。)

第十五章　瓦斯爆炸事故（郭运斌点评）

瓦斯爆炸：是指可燃性气体瓦斯、煤尘与空气混合形成了达到燃烧极限的混合物，接触火源时，引起的化学性爆炸事故。主要适用于煤矿，同时也适用于空气不流通，瓦斯、煤尘积聚的场合。

案例一　湖南省溆浦县某矿业有限责任公司耐火黏土矿"4·11"较大瓦斯爆炸事故

2015 年 4 月 11 日 20 时 20 分，溆浦县某矿业有限责任公司耐火黏土矿（简称某耐火黏土矿）发生较大瓦斯爆炸事故，造成 4 人死亡（其中事故造成 3 人死亡，企业救援过程中造成 1 名救援人员死亡），1 人受伤，直接经济损失 265 万元。

一、事故发生经过

2015 年 4 月 11 日 19 时 50 分，某耐火黏土矿矿长舒某跃在矿部办公室值班，晚班（20：00 至次日 2：00）作业人员除当班值班长黄某田在地面吃饭外，其他人员在地面装了一车支护木料后开始下井，并陆续进入各自作业岗位，其中，地面绞车司机为舒某甲，二级盲斜井绞车司机为周某，三级盲斜井绞车司机为吴某友，四级盲斜井绞车司机为邓某胜，+204 米中段运输大巷运输工为武某欢，+204 米中段运输大巷 3 号天眼南平巷一个掘进工作面作业人员为武某爱、邓某贤、邓某徐、武某贤。作业人员下井时，邓某胜、邓某徐两人在三级盲斜井下放支护木料车。20 时 05 分，武某爱、邓某贤、武某贤、武某欢 4 人到达+204 米中段运输大巷 3 号天眼处，由于中班作业人员还没有下班，武某爱、邓某贤、武某贤、武某欢 4 人在+204 米中段运输大巷 3

号天眼下出口处等了约 5 分钟,中班作业人员下班了,武某贤、邓某贤先后进入距+204 米中段运输大巷 3 号天眼下出口 12 米的 3 号天眼上部南平巷。

20 时 20 分,武某爱正在沿天眼往上向 3 号天眼上部南平巷爬时,在+204 米中段运输大巷 3 号天眼下出口的武某欢突然听到"砰"的一声,紧接着,从 3 号天眼上部冲下来一个火球,将他裹在火球中,他的毛发被烧焦,面部和手等裸露部位的皮肤被灼伤,矿灯矿帽被吹走。同时,武某爱从天眼内掉下来,摔倒在武某欢身旁。武某欢对武某爱说"我自己也受伤了,无法救你,我到外面找人来救你",然后找到矿灯后就朝+204 米中段井底车场走去。中班作业人员正在升井途中,武某贤、邓某贤被困+204 米中段运输大巷 3 号天眼上部南平巷内。

武某欢走到+204 米中段井底车场后,打电话告诉四级盲斜井绞车司机邓某胜,"下面起火了,快点下来救人",打完电话后继续往上走,走到三级盲斜井绞车旁,邓某徐和吴某友将其背出地面。邓某胜随即打电话到地面值班室向舒某跃报告:"井下起火了,快来救人,中班的人还在升井的路上,拦住他们去救人。"舒某跃开始不相信,过了十几分钟,中班的舒某顺等 5 人从井下上来,证实了井下发生的情况,舒某甲(舒某跃的长子)听到这种情况后,马上拿了自救器下井去了。舒某跃打电话叫来他的次子舒某乙(中班值班长)和当班值班长黄某田,先后安排他俩与中班人员下井救援。舒某甲、黄某田等人走到二级盲斜井绞车房后,打电话通知地面开启了压风。然后,他俩带着周某和邓某胜继续往下走,走到+204 米中段运输大巷 3 号天眼处,发现武某爱上身衣服被烧掉,人还有呼吸,邓某胜和周某将其背送出井。出井后,120 救护车将武某欢、武某爱送往溆浦县人民医院进行医治,武某爱经抢救无效死亡。

由于+204 米中段运输大巷风筒被破坏,井下通风停止。20 时 50

分,舒某甲、黄某田等人将运输大巷压风管套入3号天眼处内塑胶通风管内,对天眼上部进行通风;21时,黄某田在天眼下方看护压风管,舒某乙在运输大巷内更换烧焦的风筒,舒某甲佩戴自救器进入天眼内上平巷救人。

21时20分,黄某田昏倒在+204米中段运输大巷3号天眼下,经抢救人员背送至三级盲斜井绞车房后苏醒;21时30分,舒某乙也昏倒在+204米中段运输大巷3号天眼下,经抢救人员背送至四级盲斜井绞车房后苏醒。至21时45分,井湾耐火黏土矿抢救人员陆续撤出井硐,舒某甲、武某贤、邓某贤三人被困+204米中段运输大巷3号天眼上部平巷。21时,事故救援指挥部电话召请怀化市矿山救护大队溆浦救护中队参与事故抢救,溆浦救护中队接到事故救援召请电话后立即组织队员出发,于21时45分到达事故现场。在现场了解情况后,救护队员戴机入井侦察,撤出+204米中段运输大巷矿方所有的抢救人员。救护队员在3号天眼下出口检查,检测气体浓度 CH_4 为3%,CO_2 为3%,CO 为889 ppm;进入天眼往上7米处,检测气体浓度 CH_4 为8%,CO_2 为4%,CO 为1 600 ppm;因事故地点烟尘很大,有害气体浓度和温度过高,施救困难,经救援指挥部研究决定,将原有的YBT-2.2 kW 局部通风机更换成 YBT-5.5 kW 局部通风机,敷设新风筒至天眼内,将有害气体降至安全范围内再进行救援。

23时,救护队员再次进入事故地点侦察,在3号天眼开门处检查气体 CH_4 为1.5%,CO_2 为3%,CO 无显示。对3号天眼上部南、北平巷的通风后,救援队员进入3号天眼上部南、北平巷进行搜救,在3号天眼上部南平巷往里5米处发现了武某贤,他仰卧在巷道里,头朝里,衣服被全部焦化,身上捆着一根已烧焦的矿带,右脚旁发现一包打开的香烟,已遇难。在3号天眼上部北平巷往里1米处发现了舒某甲,他坐卧在巷道中间,左手抱着邓某贤的腰部,脸朝上,面朝天眼,无烧伤痕迹,衣服完好,胸前佩戴已打开的自救器,口具鼻夹已脱落,已遇难;再往里 1.5 米处发现了邓某贤,他身体弯曲,背靠巷道右帮,有烧伤痕迹,也已遇难。

4 月 12 日 2 时 30 分,救护队员将 3 名遇难人员运送出井,事故抢救工作结束。事故共造成 4 人死亡、1 人受伤,直接经济损失 265 万元。

二、事故原因

(一)直接原因

溆浦县某矿业有限责任公司耐火黏土矿作业人员武某贤在未送风的+204 米大巷 3 号天眼平巷非法采煤过程中吸烟引爆瓦斯而发生事故,舒某甲等人进入事故现场施救不当,导致事故死亡人数增加。

(二)间接原因

(1)溆浦县某矿业有限责任公司耐火黏土矿长期"以采代建"、非法开采煤炭和越界开拓,安全生产主体责任不落实:一是企业资金投入严重不足,生产安全设备设施得不到完善,安全条件得不到保障,企业安全生产主体责任未落实;二是未设立安全生产管理机构,矿井安全管理人员配备不足;三是安全教育培训不到位;四是安全设施"三同时"建设不完善;五是通风管理不到位;六是瓦斯管理不到位;七是未建立入井检身制度;八是矿井应急救援预案未按要求组织培训和演练。

(2)溆浦县舒溶溪乡安全生产属地监管责任落实不到位,未及时发现所辖区域内非法开采煤炭行为,并采取有效制止措施;到某耐火黏土矿开展安全检查流于形式,多次检查都没有发现"以采代建"和非法开采煤炭等违法行为。

(3)溆浦县国土资源局对矿产资源监督管理责任落实不到位。采矿许可证延证换发和年检工作流于形式,对某耐火黏土矿开展年检时未按照规定到现场进行检查。

(4)溆浦县安监局对非煤矿山安全生产监督管理责任落实不到

位。对某耐火黏土矿的监督检查流于形式;发现辖区耐火黏土矿巷道开拓沿共生煤层布置后,仅以《关于我县耐火黏土矿有关问题的函》移交溆浦县国土资源局查处,没有采取其他有效措施予以查处。

(5)溆浦县煤炭局未到现场核实,在某耐火黏土矿办理采矿许可证延续时出具未进行煤炭开采的虚假证明。

(6)溆浦县公安局在为某耐火黏土矿审批火工品时,未对照采矿许可证核实其采矿矿种,为其非法开采煤炭提供了条件。

(7)溆浦县政府对"打非治违"工作不落实,对某耐火黏土矿长期存在的非法生产经营行为失察,对舒溶溪乡政府、县国土资源局、县安监局等部门履行监管职责督促检查不够。

三、防范措施

(1)深刻吸取事故教训,立即在全市深入开展严厉打击非煤矿山非法违法开采,实施整顿关闭活动。市安监局、国土资源局、公安局等部门要制定严厉打击非煤矿山非法违法开采实施整顿关闭的工作方案,对达不到湘政办发〔2013〕18号文件规定规模的矿山或不具备安全生产条件的矿山,一律暂扣有关证照,停产整顿。

(2)严格落实企业主体责任。全市各非煤矿山企业要牢固树立依法办矿意识,严格按照《采矿许可证》许可矿种和批准范围依法依规从事开采活动,严禁超层越界开采和超出许可范围开采其他矿种。同时,要全面落实生产经营单位安全生产主体责任,依法开展安全生产标准化建设和班组安全建设工作,及时消除生产安全事故隐患,坚决防止重大事故发生。

(3)创新监管方式,建立安全生产长效机制。国土资源、发展改革、安监、环保、工商等部门要严格依法行政,全面规范矿产资源监督管理行政行为。要建立健全严厉打击无证、超层越界开采等开采国家矿产资源行为的部门联动工作机制,始终保持高压态势,开展联合执法,严厉打击非法开采行为。

点评:瓦斯爆炸事故的主要原因、防范措施和应急处置

一、瓦斯爆炸是非煤矿山行业中的小概率事故

根据原国家安全监管总局对 2001~2013 年全国非煤矿山生产安全事故进行的统计分析,其中中毒窒息、火灾、透水、爆炸、坠罐跑车、冒顶坍塌、边坡垮塌、尾矿库溃坝、井喷失控和硫化氢中毒、重大海损等十类事故起数和死亡人数分别占非煤矿山事故总量和死亡总人数的 63.4% 和 61.2%。为此,2014 年 5 月 28 日,《国家安全监管总局关于严防十类非煤矿山生产安全事故的通知》下发。

另据有关统计资料表明,2009~2019 年全国非煤矿山死亡人数按事故类型分布,瓦斯爆炸占 0.48%。

这说明,瓦斯爆炸是非煤矿山行业中的小概率事故。

二、瓦斯爆炸的危害

瓦斯又叫甲烷(CH_4),是矿井最主要的危害因素。它是在煤的生成和变质过程中,在地壳压力和高温作用下伴生的气体。瓦斯对空气的相对密度是 0.554,在标准状态下瓦斯常积聚在巷道上部及高顶处。瓦斯的燃烧、爆炸是煤矿的主要灾害之一。

瓦斯爆炸的条件是:爆炸浓度界限内的瓦斯、高温火源的存在和充足的氧气。瓦斯爆炸有一定的浓度范围,我们把空气中瓦斯遇火后能引起爆炸的浓度范围称为瓦斯爆炸界限。瓦斯爆炸界限为 5%~16%。井下抽烟、电气火花、违章爆破、煤炭自燃、明火作业等都易引起瓦斯爆炸。

三、瓦斯爆炸事故产生的主要原因

瓦斯是在煤的生成和变质过程中,在地壳压力和高温作用下伴

生的气体。所以,非煤矿山发生的瓦斯爆炸事故一般是因为越界开采或者非法开采,触及地下的煤层而引发的。如:2015 年湖南省溆浦县某矿业有限责任公司耐火黏土矿"4·11"较大瓦斯爆炸事故,造成 4 人死亡、1 人受伤,直接经济损失 265 万元。其直接原因是溆浦县某矿业有限责任公司耐火黏土矿长期"以采代建"、非法开采煤炭和越界开拓,且作业人员武某贤在未送风的+204 米大巷 3 号天眼平巷非法采煤过程中吸烟引爆瓦斯而发生事故,舒某甲等人进入事故现场施救不当,导致事故死亡人数增加。

四、瓦斯爆炸事故的预防措施

(1)严格落实党委、政府的领导责任和部门的监管责任。各级党委、政府应当认真贯彻执行《中共中央 国务院关于推行安全生产领域改革发展的意见》和《中华人民共和国安全生产法》《中华人民共和国矿山安全法》等法律法规,增强红线意识,坚持安全发展;县级以上地方各级人民政府的应急管理、自然资源、公安等部门要制定严厉打击非煤矿山非法违法开采的具体政策措施,并保持高压态势,确保发现一个、关闭一个。

(2)严格落实企业主体责任。各非煤矿山企业要牢固树立依法办矿意识,严格按照《采矿许可证》许可矿种和批准范围依法依规从事开采活动,严禁超层越界开采和超出许可范围开采其他矿种。

(3)提高企业管理水平。提高非煤矿山企业的管理水平是瓦斯防治工作的重中之重,加强对工作队伍、工作现场的管理,才能防患于未然,保证采掘工作的顺利进行。首先,要加强安全生产教育培训,不断提高各级管理人员的安全生产意识。其次,建立一套完善的管理系统。再次,要深入持久地开展班组"反三违"活动,教育员工自觉遵守各项安全操作规程,落实"安全第一,预防为主,综合治理"的安全生产方针。

五、瓦斯爆炸事故的应急处置

井下发生瓦斯爆炸事故后,现场人员迅速佩戴自救器,现场区队长、班组长、安全检查员要组织和指挥遇险人员迅速撤离灾区,同时利用最便捷的通信方式向矿调度室报告。当调度室接到井下瓦斯爆炸事故的报告后,要立即启动相应预案。

立即撤出灾区人员和停止灾区供电(掘进巷道发生火灾和爆炸不能停局部通风机)→同时按矿井应急预案规定的程序通知矿长、总工程师等有关人员→立即向集团公司调度室和当地人民政府应急管理部门报告→召请矿山救援大队(事故矿专业救援队先行下井救援)→启动现场应急救援指挥部→派遣侦查小分队进行灾情侦察、人员救治→进行灾害的初步评估→指挥部根据灾情制定救援方案→救援队现场抢险救灾直至灾情消除、恢复正常生产。

(郭运斌:中铝中州矿业有限公司三门峡分公司安全环保部主任、国家注册安全工程师。)

第十六章 锅炉爆炸事故(王立金点评)

锅炉爆炸:指锅炉发生的物理性爆炸事故。适用于使用工作压力大于0.7表大气压(0.07 MPa)、以水为介质的蒸汽锅炉(简称锅炉),但不适用于铁路机车、船舶上的锅炉,以及列车电站和船舶电站的锅炉。

案例一 山东泰安市某生物科技股份有限公司 "11·28"锅炉爆炸事故

2016年11月28日8时20分左右,位于新泰市新汶街道办事处工业园区的泰安市某生物科技股份有限公司一台0.75吨蒸汽锅炉爆炸,造成2人死亡,直接经济损失180.95万元。

一、事故发生经过

泰安市某生物科技股份有限公司受订单影响不能连续生产,给生产提供蒸汽的锅炉间断运行,至11月28日锅炉重新运行前已停用20余天。11月28日6时40分左右,司炉工陈某泉开始点火运行锅炉,大约8时16分,车间主任巩某顺打开车间南侧从锅炉引出的蒸汽管道放水阀门放水,看到有蒸汽排出,便微开小型加热器上部阀门,给小型加热器供汽。另外四台主要用汽设备(酶解罐)未投入使用,蒸汽阀门处于关闭状态。8时20分左右,锅炉发生爆炸,司炉工陈某泉及非事故发生单位职工臧某军在爆炸事故中当场死亡。

事故发生后,泰安市某生物科技股份有限公司车间主任巩某顺立即向公司法定代表人巩某武电话报告了事故情况,随即拨打119报警。新汶工业园区管委会副主任牛某臣等听到爆炸响声后,立即赶到事故现场,了解伤亡情况,打电话向新汶街道办事处武装部部长张某进行了汇报。新泰市公安消防大队新汶中队和新汶派出所接到事故报告后,立即赶赴现场开展救援工作。8 时 50 分左右,新汶办事处朱某义书记、李某主任带领相关工作人员赶到事故现场,查看了解事故情况。9 时 17 分,李某主任将事故情况先后报告了新泰市安监局、质监局,并拨打 120 联系新泰市第二人民医院。10 时左右,新泰市政府赵某坡副市长、刘某军副市长相继带领有关部门人员赶到了事故现场,查看有关情况,部署开展人员抢救、事故应急处置等工作。

接到事故报告后,省质监局、泰安市质监局、泰安市安监局负责同志分别带领有关人员、安全生产专家立即赶赴现场,调查了解有关情况,部署安排事故应急处置、人员安抚、事故调查处理等工作。

二、事故原因

(一)直接原因

锅炉从点火到发生爆炸运行期间,对外供汽阀门处于关闭状态,压力升高,司炉工未采取有效措施及时泄压,且安全阀失灵,造成锅炉超压爆炸是事故发生的直接原因。

(二)间接原因

1.企业特种设备安全管理主体责任落实不到位

泰安市某生物科技股份有限公司落实特种设备安全管理主体责任不到位,操作规程及规章制度不完善;特种设备管理人员资质证书到期未换证继续从事锅炉安全管理工作;聘用不具备操作资格的人员从事司炉作业;安全阀、压力表超期未校验、未检定;操作人员未对安全阀做定期排放试验,未发现并排除安全阀失灵这一事故隐患;对锅炉房管理不严,对非作业人员随意进入锅炉房制止不力,致使事故扩大。

2.政府及有关部门安全监管不到位

(1)新泰市质监局新汶分局执行特种设备安全监察法律法规不

力,对辖区内锅炉安全检查不全面、不深入、不细致;未发现并查处泰安市某生物科技股份有限公司存在的特种设备安全管理制度不健全、锅炉作业人员未持证上岗、锅炉安全附件未定期校验等违法行为,日常监督检查不力。

(2)新泰市质监局执行特种设备安全监察法律法规不力,对新汶分局日常监督检查等履职履责情况监督管理不到位。

(3)新汶办事处未严格落实特种设备安全属地管理职责,对泰安市某生物科技股份有限公司落实特种设备安全隐患排查治理工作督促不力。

三、整改措施

(1)泰安市某生物科技股份有限公司要增强法制意识,切实强化企业特种设备安全主体责任的落实。

(2)泰安市质监局要加强对特种设备的生产(含设计、制造、安装、改造、修理)、经营、使用、检测检验等环节的监督检查,切实落实部门特种设备安全监管责任。

(3)切实强化地方政府的安全监管责任。新泰市政府要针对本地区实际,强化安全监管力量,配足配齐安全监管机构、人员、装备。乡(镇)人民政府和街道办事处、开发区管理机构应当加强特种设备安全工作,将特种设备安全纳入安全生产检查范围,协助上级人民政府有关部门依法履行特种设备安全监督管理职责。

(4)切实加强特种设备安全宣传教育培训工作。泰安市质监局要加强对特种设备有关法律法规的宣传力度,增强群众的安全意识,强化特种设备管理人员和作业人员的监督检查和管理,提高监管人员业务素质。

点评:锅炉爆炸事故的主要原因、防范措施和应急处置

锅炉是在高温高压的不利工作条件下运行的,操纵不当或设备

存在缺陷都可能造成超压或过热而发生爆炸事故。

一、锅炉爆炸事故的危害

锅炉的爆破爆炸事故,经常是造成设备、厂房毁坏和人身伤亡的灾难性事故。锅炉机组停止运行,使蒸汽动力忽然切断,往往造成停产停工的恶果。

锅炉内除蒸汽外,还有大量的饱和水,其温度为锅炉运行压力下的饱和水温度。它远高于大气压下水的沸点,当锅筒破裂,锅内压力骤降至大气压力,锅内饱和水迅速放热,并且部分饱和水蒸发成蒸汽,继续膨胀做功,发生所谓"水蒸汽"爆炸。

锅炉爆炸事故是在锅炉运行中,锅筒、集箱等部件损坏,并有较大泄压突破口而在瞬间将工作压力降至大气压力的一种事故。这种爆炸事故威力大,造成的损失也大。锅炉爆炸后会形成强大气浪冲击和大量沸水外溅,不仅使锅体遭到毁坏,而且周围设备和建筑也会受到严重破坏,引发次生、衍生事故,造成人员伤亡和财产损失的严重后果。

二、锅炉爆炸事故的主要原因

(1)缺水和违规操作引起爆炸。在锅炉较长时间缺水、钢板被灼红、机械强度急骤降低的情况下,司炉职员违反操纵规程,向炉内进水,引起爆炸。

(2)严重超压造成爆炸。安全阀、压力表等安全装置失灵;操作人员脱岗睡岗,放弃对设备的监控;关闭或关小出汽阀门,造成锅炉"憋烧";无承压能力的生活锅炉改作承压蒸汽锅炉;严重缺水事故处理不当等情况都可能引起超压爆炸。锅炉运行压力超过最高许可工作压力,使元件应力超过材料的极限应力。

(3)水质不合格引起爆炸。锅炉用水水质不合格,致使炉膛结垢太厚,或者锅水中有油脂或锅筒内掉入石棉、橡胶板等异物,导致锅炉"干烧"引起爆炸。

(4)先天性缺陷造成爆炸。设计失误,结构受力、热补偿、水循环、用材、强度计算、安全设施等方面严重错误;制造失误,用错材料、不按图施工、焊接质量低劣、热处理、水压试验等工艺规范错误等引起。铆接锅炉,锅壳或锅筒长期漏泄,且炉水碱度较高,造成铆缝或胀口处钢板苛性脆化,以致造成爆炸事故。

(5)受压元件或安全附件失灵造成爆炸。在未超压超载的情况下,锅炉主要受压元件或安全附件因产生裂纹、严重变形、腐蚀、组织变化等缺陷而导致爆炸。

三、锅炉爆炸事故的预防措施

(1)应健全锅炉运行规程、安全操纵规程、岗位责任制、检验质量标准、交接班制度等各项规章制度,并严格贯彻执行。

(2)应加强锅炉用水治理,给水水质应符合规定要求,软化水应达到质量标准,锅水碱度不应过高。排污要有制度,受热面内部应保持不结垢或仅有较薄水垢,定期用机械或化学方法清除水垢,以免造成钢板或钢管过热。

(3)有计划地组织培训司炉职员和治理职员,提高安全运行操纵和治理水平。司炉职员在熟悉设备性能的基础上,达到安全运行,避免发生事故。司炉职员必须切记:发生严重缺水事故时,一定不能再进水,以免锅筒钢板在过热烧红的情况下,遇水忽然冷缩而脆裂。

(4)防止超压措施:合理设置、定期调校、正确维护安全阀、压力表、水位表。

(5)防止过热措施:合理设置、监视、维修、冲洗水位表,防止缺水,防止结垢和异物、油脂进入锅筒。

(6)要特别留意水容量较大的锅筒的锅壳、封头或管板、炉胆等主要受压部件的材料、强度、连接形式、焊接与冷加工组装等在设计和制造上是否符合有关规定和标准。

(7)检验与修理锅炉时,对锅筒的苛性脆化、严重腐蚀与变形以及起槽裂纹,要高度警惕,检查要周到细致,修理则必须保证质量,防止因强度不足或裂纹扩展而忽然撕裂。

(8)锅炉的安全附件,特别是安全阀,必须经常保持灵敏、正确、可靠。多数小锅炉爆炸事故都有一个共同的重要原因,就是没有装置安全阀或安全阀失灵而造成超压。如安全阀正常,控制在较低的压力下运行,爆炸事故是完全可以避免的。

(9)留意易被忽视的薄弱环节。有很多爆炸事故发生在炊事、洗澡、采热、热饭用的锅炉,甚至热水锅炉和茶水炉也多有发生。这些锅炉体积小、压力低,又多在生活区域,往往不被留意和重视,容易成为锅炉安全治理的薄弱环节和漏洞。所以,应特别留意。

四、锅炉爆炸事故的现场应急处置措施

(1)锅炉爆炸事故发生后,现场人员必须保持沉着冷静,不能惊慌失措。要在第一时间实施紧急避险操作和应急处置操作,如切断锅炉设备电源开关、关闭相关阀门、控制泄漏源、启动消防喷淋系统等;服从现场指挥,引导配合救援人员开展救援工作。

(2)当班操作人员必须立即实施紧急避险操作,如迅速关闭油(气)总阀、总电源等,以保护生命安全为第一原则,并尽量防止事故的扩大。同时向本单位负责人和有关管理机构报告。现场人员应立即切断锅炉烟风系统、供水系统、与外界连接的蒸汽系统。必须设法躲避爆炸物和高温水、汽,人员在尽可能的情况下迅速撤离事故现场。

(3)如有受伤人员可立即拨打急救电话 120,同时立即实施现场急救措施。急救之前,救援人员应确信受伤者所在环境是安全的,要本着时间就是生命,先救命后治伤,先救重后救轻的原则,对受伤人员实施急救。

(4)本单位负责人和安全生产管理机构、应急救援组织机构接到

报告后,应立即赶赴现场,组织指挥应急救援工作,启动相应应急救援预案,并向当地县级以上人民政府应急管理部门和消防救援机构报告。内容应包括:①发生事故的时间;②发生事故的具体部位;③事故具体类型;④事故范围、规模;⑤人员受伤或失踪情况;⑥次生灾害情况。

(5)在锅炉房周围设置警戒区,组织周围无关人员撤离;组织自救或引导专业救援人员开展救援工作。做好现场警戒保卫和维持治安秩序。

(6)立即成立本单位锅炉爆炸事故应急救援指挥部。各个工作组按职责分工,及时、有序、有效地实施现场救援与安全转移伤员,尽最大可能降低人员伤害率,减少事故损失。

(7)组织员工采取各种措施进行自身保护,并往上风方向迅速撤离危险区域或可能受到危害的区域,同时做好自救和互救工作。

(8)做好现场清理,消除危害后果。迅速采取封闭、隔离、清洗等措施,防止环境污染对人的危害。迅速采取封闭、隔离、清洗等措施,做好事故现场清理和设备恢复工作,积极消除危害后果。

(王立金:范县应急管理局党委书记、局长。)

第十七章　容器爆炸事故(周瑞庆点评)

容器爆炸:容器(压力容器的简称)是指比较容易发生事故,且事故危害性较大的承受压力载荷的密闭装置。容器爆炸是压力容器破裂引起的气体爆炸,即物理性爆炸,包括容器内盛装的可燃性液化气在容器破裂后立即蒸发,与周围的空气混合形成爆炸性气体混合物,遇到火源时产生的化学爆炸,也称容器二次爆炸。

案例一　江苏连云港某生物科技有限公司"12·9"容器爆炸重大事故

2017 年 12 月 9 日 2 时 9 分,连云港某生物科技有限公司间二氯苯装置发生爆炸事故,造成 10 人死亡、1 人轻伤,直接经济损失 4 875 万元。

一、事故发生经过

2017 年 12 月 8 日 19 时左右,连云港某生物科技有限公司四车间尾气处理操作工吴某钢发现尾气处理系统真空泵处冒黄烟,随即报告班长沈某明。沈某明检查确认后,将通往活性炭吸附器的风门开到最大,黄烟不再外冒。

19 时 39 分左右,氯化操作工唐某梅到 1# 保温釜用压缩空气(原应使用氮气)将釜内物料压送到 1# 高位槽。

19 时 44 分左右,放料工徐某城将 1# 脱水釜中的间二硝基苯和残液蒸馏回收的杂 2、杂 3 一并放入 1# 保温釜内,20 时 04 分放料结束。放料前保温釜温度为 127 ℃,放料后温度降为 123 ℃,指标正常。

21 时左右,真空泵处再次冒黄烟。沈某明认为氯化水洗尾气压力高,关闭了脱水釜、保温釜尾气与氯化水洗尾气在三级碱吸收前连通管道上的阀门,黄烟基本消失。

21时35分左右,车间控制室内操朱某萍对氯化操作工唐某梅说,1#保温釜温度突然升高,要求检查温度,确认保温蒸汽是否关闭。唐某梅到现场观察温度约为152 ℃,随即手动紧了一圈夹套蒸汽阀。

22时42分左右,沈某明在车间控制室看到DCS系统显示1#保温釜温度为150 ℃(已超DCS量程上限150 ℃),认为是远传温度计损坏,未做相应处置。

23时30分左右,沈某明班组与夜班赵某海班组7人进行了交接班。

23时57分左右,精馏操作工杨某艮发现1#高位槽顶部冒黄烟,报告班长赵某海,赵某海和七车间前来协助处理的班长张某云等人赶到现场,赵某海到1#高位槽操作平台进行处理,黄烟变小后,人员全部离开了现场。

12月9日0时14分左右,赵某海认为1#保温釜DCS温度显示异常,又来到1#保温釜,打开保温釜紧急放空阀,没有烟雾排出又关闭放空阀。

0时20分左右,赵某海到三楼用钢锯将1#高槽位的尾气放空管锯开一道缝隙,有烟雾持续冒出。

1时1分左右,赵某海又到1#保温釜,打开1#保温釜紧急放空阀,有大量烟雾冒出,接着关闭并离开。

1时39分左右,赵某海再次来到1#保温釜,用F扳手紧固保温釜夹套蒸汽阀门。

2时5分左右,氯化操作工田某军接到内操刘某平指令,到1#保温釜进行压料操作,氯化操作工田某军协助,精馏操作工杨某艮也在现场。

2时5分31秒,田某军关闭了1#保温釜放空阀,付某打开压缩空气进气阀向 1# 高位槽压料,田某军观察压料情况。

2 时 8 分 41 秒,付某关闭压缩空气进气阀,看到 1# 保温釜压力快速上升;9 分 2 秒,田某军快速打开 1# 保温釜放空阀进行卸压;9 分 30 秒,1# 保温釜尾气放空管道内出现红光,紧接着保温釜釜盖处冒出淡黑色烟雾,付某、田某军、杨某艮 3 人迅速跑离现场。

2 时 9 分 49 秒,保温釜内喷出的物料发生第一次爆炸;9 分 59 秒,现场发生了第二次爆炸。爆炸造成四车间及相邻六车间厂房坍塌。

连云港市消防支队接报后,迅速调集 8 个专职消防队共 161 名官兵、30 辆消防车赶赴现场处置,对爆炸、着火区域进行降温灭火,明火于 12 月 9 日 4 时 50 分被扑灭。

事故共造成 10 人死亡、1 人轻伤。死亡人员均为某公司职工,其中四车间 3 人、六车间 7 人。事故造成直接经济损失 4 875 万元。

二、事故原因

(一) 直接原因

尾气处理系统的氮氧化物(夹带硫酸)串入 1# 保温釜,与加入回收残液中的间硝基氯苯、间二氯苯、124－三氯苯、135－三氯苯和硫酸根离子等形成混酸,在绝热高温下,与釜内物料发生化学反应,持续放热升温,并释放氮氧化物气体(冒黄烟);使用压缩空气压料时,高温物料与空气接触,反应加剧(超量程),紧急卸压放空时,遇静电火花燃烧,釜内压力骤升,物料大量喷出,与釜外空气形成爆炸性混合物,遇燃烧火源发生爆炸。

(二) 间接原因

(1)某公司未落实安全生产主体责任,是事故发生的主要原因。某公司安全管理混乱,装置无正规科学设计;在未取得危险化学品安全生产许可证的前提下,违法组织生产,变更管理严重缺失;教育培训不到位,操作人员资质不符合规定要求;自动控制水平低,厂房设计与建设违法违规。

（2）设计、监理、评价、设备安装等技术服务单位未依法履行职责，违法违规进行设计、安全评价、设备安装、竣工验收，是事故发生的重要原因。

（3）灌南县委、县政府和化工园区管委会安全生产红线意识不强，对安全生产工作重视不够，属地监管责任不落实，也是事故发生的重要原因。

（4）灌南县和化工园区两级安监、住建、经信、环保、特种设备监管、公安消防等安全生产监管和建设项目管理的有关部门未认真履行职责，审批把关不严，监督检查不到位，也是事故发生的重要原因。

三、防范措施

（1）进一步强化安全生产红线意识。连云港市委市政府、灌南县委县政府、化工园区党工委管委会及其负有安全生产监管职责的部门要深刻吸取事故教训，进一步落实属地管理责任。

（2）严格落实部门监管职责和行政许可审批手续。各地区特别是连云港市各有关部门要按照"管行业必须管安全"的要求，认真履行职责，把好准入关和监督关，督促企业落实安全生产主体责任，坚决杜绝"先上车后买票"的现象。

（3）进一步加大中介服务机构监管力度。

（4）全面管控危险化学品安全风险。

（5）切实加强环保尾气系统改建项目的安全风险评估，严防环保隐患转化成安全生产隐患，导致生产安全事故发生。

案例二　安徽芜湖"10·10"瓶装液化石油气泄漏燃烧爆炸重大事故

2015年10月10日11时44分许，芜湖市镜湖区淳良里社区杨家巷某小吃店发生一起重大瓶装液化石油气泄漏燃烧爆炸事故,造成 17 人死亡,直接经济损失约 1 528.7 万元。

一、事故发生经过

2015 年 10 月 10 日 10 时许,某小吃店经营者张某平更换了店内东侧铁板烧灶所用的液化石油气钢瓶(简称钢瓶)。11 时 40 分许,张某平的妻子刁某翠打开该钢瓶角阀和铁板烧灶开关,欲用点火棒将铁板烧灶点燃,未点燃,随后拧大角阀阀门,仍未点燃,便告知张某平处理。张某平在处置过程中,发现与灶具连接的液化气钢瓶瓶口附近有火苗,试图关闭钢瓶的角阀,未果。他随即拖出钢瓶,导致钢瓶倾倒、减压阀与角阀脱落,大量液化气喷出,瞬间引发大火,11 时 50 分,该钢瓶发生爆炸。12 时 20 分明火被扑灭。事故共造成 17 人死亡,直接经济损失约 1 528.7 万元。

二、事故原因

(一)直接原因

某小吃店店主张某平在更换店内给东侧铁板烧灶具供气的钢瓶时,减压阀和钢瓶瓶阀未可靠连接。11 时 40 分许,其妻刁某翠准备使用铁板烧灶具,打开钢瓶角阀后液化气泄漏,泄漏的液化气与空气混合,形成的爆炸性混合气体遇邻近砂锅灶明火,导致钢瓶角阀与减压阀连接处(泄漏点)燃烧。张某平在处置过程中操作不当,致使钢瓶倾倒、减压阀与角阀脱落,大量液化气喷出,瞬间引发大火,倾倒的钢瓶在高温作用下爆炸。

(二)间接原因

(1)某小吃店安全生产主体责任不落实,安全意识淡薄,对钢瓶操作及应急处置不当。

(2)芜湖某能源实业有限公司对超出使用期限的钢瓶进行违法充装;该公司下属沿河路配送中心落实企业安全生产主体责任不到

位,未依规定指导液化石油气用户安全用气。

(3)芜湖市镜湖区人民政府及有关部门、镜湖区滨江公共服务中心体育场社区、镜湖区滨江公共服务中心、镜湖区住房与城乡建设委、镜湖区市场监督管理局、镜湖区商务局、芜湖市公安局镜湖分局滨江派出所、镜湖区公安消防大队、芜湖市公安局镜湖分局、镜湖区安全生产监督管理局等有关部门对辖区内餐饮场所的安全隐患排查不到位。

(4)芜湖市住房与城乡建设委、芜湖市质量技术监督管理局、芜湖市商务局、芜湖市公安消防支队、芜湖市公安局、芜湖市工商行政管理局、芜湖市食品药品监督管理局等市直有关部门对无证经营违法行为查处不力。

三、防范措施

(1)芜湖市政府要深刻吸取事故教训,全面落实企业主体责任、部门监管责任、党委和政府领导责任,深入组织开展燃气行业专项排查整顿,严厉打击燃气行业非法违法经营活动。

(2)芜湖市住建、公安、消防、质监、工商、安全监管等部门要联合开展隐患排查治理行动,加大餐饮场所燃气安全整治力度,严厉打击非法充装、储存、经营燃气及液化石油气行为,加强对燃气使用环节的安全检查,切实履行部门监管职责。

(3)通过广播电视公益广告、报刊杂志等媒体渠道及政府网站、燃气经营单位平台,加大对燃气、液化石油气使用者及学生的宣传教育,并加强学生燃气安全知识及自救逃生能力培训,提高全社会安全用气能力,提高全民安全意识和自防自救能力。

点评:容器爆炸事故的主要原因、防范措施和应急处置

常见的容器结构有瓶、槽、罐、池和筒、仓等。压力容器是指盛装

气体或者液体,承载一定压力的密闭设备,其范围规定为最高工作压力大于或者等于 0.1 MPa(表压),且压力与容积的乘积大于或者等于 2.5 MPa·L 的气体、液化气体以及最高工作温度高于或者等于标准沸点的液体的固定式容器和移动式容器;盛装公称工作压力大于或者等于 0.2 MPa(表压),且压力与容积的乘积大于或者等于 1.0 MPa·L 的气体、液化气体和标准沸点等于或者低于 60 ℃液体的气瓶、氧舱等。

一、容器爆炸事故的危害

容器爆炸是指压力容器超压而发生的爆炸。压力容器爆炸包括压力容器破裂引起的气体爆炸。压力容器内盛装的可燃性液化气,由于化学反应失控或环境温度过高等原因,压力容器的工作压力超过了设计容许的压力,导致压力容器发生物理性破裂。这种破裂对作业环境和作业人员都会产生很大的危害,尤其压力容器溢散出大量高压液化气体立即蒸发,然后与周围的空气混合形成爆炸性气体混合物,其浓度达到一定范围时,遇到火源就会产生化学爆炸,通常也称为容器二次爆炸。两种情况都统计为容器爆炸事故。容器爆炸事故的危害:

(1)冲击波及其破坏作用。冲击波超压会造成人员伤亡和建筑物的破坏。

(2)爆破碎片的破坏作用。致人重伤或死亡,损坏附近的设备和管道,并引起继发事故。

(3)介质伤害。主要是有毒介质的毒害和高温水汽的烫伤。

(4)二次爆炸及燃烧。当容器所盛装的介质为可燃液化气体时,容器破裂爆炸在现场形成大量可燃蒸气,并迅速与空气混合形成可爆性混合气,在扩散中遇明火即形成二次爆炸,常使现场附近变成一片火海,造成重大危害。

(5)事故可能引发的次生、衍生事故有建筑物坍塌,当介质为可燃或有毒介质时,次生、衍生事故有火灾或中毒等。

二、容器爆炸事故的主要原因

(一)反应釜、蒸馏釜在生产操作过程中发生爆炸事故的主要原因

1. 反应失控引起火灾爆炸

许多化学反应,如氧化、氯化、硝化、聚合等均为强放热反应,若反应失控或突遇停电、停水,造成反应热蓄积,反应釜内温度急剧升高、压力增大,超过其耐压能力,会导致容器破裂。物料从破裂处喷出,可能引起火灾爆炸事故。反应釜爆裂导致物料蒸气压的平衡状态被破坏,不稳定的过热液体会引起二次爆炸(蒸汽爆炸);喷出的物料再迅速扩散,反应釜周围空间被可燃液体的雾滴或蒸汽笼罩,遇点火源还会发生三次爆炸(混合气体爆炸)。这是危化生产企业常见事故之一。如:江苏连云港某生物科技有限公司"12·9"容器爆炸重大事故的直接原因,就是尾气处理系统的氮氧化物(夹带硫酸)串入 1# 保温釜,釜内压力骤升,物料大量喷出,与釜外空气形成爆炸性混合物,遇燃烧火源发生爆炸。

2. 反应容器中高压物料窜入低压系统引起爆炸

与反应容器相连的常压或低压设备,由于高压物料窜入,超过反应容器承压极限,从而发生物理性容器爆炸。

3. 水蒸气或水漏入反应容器发生事故

如果加热用的水蒸气、导热油,或冷却用的水漏入反应釜、蒸馏釜,可能与釜内的物料发生反应,分解放热,造成温度压力急剧上升,物料冲出,发生火灾事故。

4. 蒸馏冷凝系统缺少冷却水发生爆炸

物料在蒸馏过程中,如果塔顶冷凝器冷却水中断,而釜内的物料仍在继续蒸馏循环,会造成系统由原来的常压或负压状态变成正压状态,超过设备的承受能力而发生爆炸。

5.容器受热引起爆炸事故

反应容器由于外部可燃物起火,或受到高温热源热辐射,引起容器内温度急剧上升、压力增大,发生冲料或爆炸事故。

6.物料进出容器操作不当引发事故

很多低闪点的甲类易燃液体通过液泵或抽真空的办法从管道进入反应釜、蒸馏釜,这些物料大多数属绝缘物质,导电性较差,如果物料流速过快,会造成积聚的静电不能及时导除,发生燃烧爆炸事故。

7.作业人员思想放松,没有及时发现事故苗头

反应釜一般在常压或敞口下进行反应,蒸馏釜一般在常压或负压下进行操作。

对于蒸馏釜,如果作业人员操作失误,反应失控造成管道阀门系统堵塞,正常情况下的常压、真空状态变成正压,若不能及时发现处置,本身又无紧急泄压装置,很容易发生火灾爆炸事故。

(二)压力容器发生爆炸事故的主要原因

1.设计方面

压力容器设计不符合标准,采用一些不合理的结构,材质不符合要求,受压原件强度不够。

2.制造方面

粗制滥造,焊接质量差;存在气孔、夹渣、未焊透、未熔合等焊接缺陷,焊缝布置不当,导致压力容器有先天性缺陷。

3.安装方面

现场安装时,由于条件差,焊条未烘干就焊或强力组装等。

4.使用方面

管理、技术支持不完善,违章指挥。不按工艺要求的程序开停车。操作人员不懂专业技术等。

5.检验、维修方面

未按规定对压力容器进行定期检验和报废,超期服役,压力容器内腐蚀和容器外腐蚀,擅自修理或改变压力容器的结构和用途等。

6. 安全附件不完善

安全泄压装置失效,如安全阀、减压阀卡涩,未按规定进行定期校验,排气量不够等。这是瓶装液化石油气使用单位常见的事故之一。

7. 操作人员原因

未按操作规程进行作业,违规操作,压力容器同时进入发生化学反应的物质而引发爆炸等。

8. 压力容器超压的原因

(1)操作失误或零件破损引起的容器超压。

(2)满液后的容器因流体受热膨胀而超压。

(3)器内燃烧爆炸生成高温高压气体。

(4)器内化学反应失控造成容器超压。

(5)液化气体意外受热,饱和蒸汽压增大。

三、容器爆炸事故的预防措施

(一)反应釜、蒸馏釜的安全使用措施

1. 严格按照制度操作

在操作化工反应釜之前,应该了解设备的规范操作制度。

2. 操作前检查

操作化工反应釜之前,要检查设备是否有异状。

3. 注重观察

操作化工反应釜的时候,要注重观察每一个操作步骤。尤其是反应釜加热到一定温度的时候,千万不能和釜体接触,以免烫伤。

4. 注意保养

设备操作不仅要注重操作过程,同时也要注重设备保养。

5. 严格按安全操作规程进行操作

蒸馏操作中要严格控制温度、压力、进料量、回流比等工艺参数。通常蒸汽加热时阀门开启度要适宜,防止过大过猛使物料急剧蒸发,

系统内压剧升。要时刻注意保持蒸馏系统的设备管道畅通,防止进出管道的阀门堵塞引起压力升高造成危险。要避免低沸物和水进入高温蒸馏系统,高温蒸馏系统开车前必须将釜、塔及附属设备内的冷凝水放尽,以防其突然接触高温物料发生瞬间汽化增压而导致喷料或爆炸。

6. 反应釜、蒸馏釜装置应完好

反应釜、蒸馏釜应具有完备的温度、压力、流量等仪器仪表装置,减压蒸馏的真空泵应装有单向止逆阀,防止突然停车时空气进入系统。低压系统与高压系统连接处也应设单向止逆阀,以防高压容器的物料窜入低压系统发生爆炸。对有可能超压的反应釜、蒸馏釜,必须加装紧急泄压装置。一般在设备上安装安全阀,对于不宜安装安全阀或危险性较大工艺的设备可安装爆破片。

(二)压力容器的安全使用措施

1. 压力容器使用前的准备工作

压力容器必须由有资质的单位设计、制造、安装,并经市场监督管理部门检验,办理特种设备使用证,做好压力容器投用前的准备工作。

(1)建立健全压力容器使用安全管理制度和岗位安全责任制度。

(2)取得压力容器使用登记证。

(3)建立压力容器安全技术档案。

(4)经常性的日常维护。

(5)制订事故应急措施和救援预案。

(6)压力容器操作人员应按规定进行培训,取得《压力容器操作证》后,方可上岗工作。压力容器操作人员要熟悉本岗位的工艺流程,以及有关容器的结构、类别、主要技术参数和技术性能,严格按操作规程操作,掌握处理一般事故的方法,认真填写有关记录。

2. 压力容器使用过程中的安全管理

(1)严禁超温、超压运行。实行压力容器安全操作挂牌制度或采用机械连锁机构,防止误操作。随时检查减压阀是否失灵。装料时避免过急过量,液化气体严禁超量装载,并防止意外受热。

（2）压力容器操作要平稳。压力容器开始加载时,速度不宜过快,要防止压力突然升高。高温容器或工作温度低于 0 ℃的容器,加热或冷却要缓慢进行,尽量避免操作中压力的频繁和大幅波动。

（3）经常检查安全附件是否齐全、灵敏、可靠,及时发现异常现象,如工作压力、介质温度、壁温超过许用值且不能使之下降;受压元件发生裂缝、鼓包、变形、泄漏等危及安全的缺陷。

（4）严禁超温、超压运行。

（5）以下情况必须立即停止运行,采取紧急措施,并向有关部门报告:容器的工作压力、介质温度或器壁温度超过规定值,采取措施仍然得不到有效控制;容器的主要承压部件出现裂缝、鼓包、变形、泄漏等危及安全的缺陷;容器的安全装置失效,连接管断裂,紧固件损坏,难以保证安全运行;容器的液位失去控制,采取措施仍不能得到有效控制;压力容器与管道发生严重振动,危及安全运行。

（6）做好压力容器的维护保养工作(包括停用期间的维护),使压力容器经常保持良好的技术状态。经常对压力容器的运行情况进行检查,发现操作条件不正常时及时进行调整,遇紧急情况应按规定采取紧急处理措施并及时向上级报告。压力容器除日常定点检查外,还应进行定期检验,其目的是尽早发现缺陷、采取措施或进行监护,防止重大事故发生。

（7）操作中要严格遵守安全操作规程和岗位责任制,操作要平稳,杜绝压力频繁或大幅度波动以及温度梯度变化过大。

3. 压力容器的定期检验

（1）外部检验。每年至少检验一次。

（2）内、外部检验。在压力容器停机时的检验,其期限分别为:安全状况等级为 1~3 级,每 6 年检验一次;安全状况等级为 3~4 级,每

3 年检验一次。

(3)汽车槽车的检验。每年进行一次年度检查,至少每 5 年进行一次全面检验。

(4)气瓶的检验。

一般气体钢瓶,每 3 年检验一次。

液化气钢瓶,使用未超过 20 年,每 5 年检验一次;使用超过 20 年,每 2 年检验一次。

惰性气体钢瓶,每 5 年检验一次。

(5)有严重腐蚀、损伤或对其安全可靠性有怀疑的容器、槽车和气瓶,应提前进行检验。

四、容器爆炸事故的应急处置

(一)应急处置

(1)发生容器爆炸后,现场第一发现者应立即将现场情况报告应急救援小组领导,应急救援小组成员应立即赶赴现场,并查明险情,确定是否还有危险源。

(2)应急救援小组组长启动容器爆炸事故现场处置方案,并召集应急救援小组其他人员到现场。应急救援小组组长确定抢救方案,并随时向公司领导请示汇报。

(3)当应急救援任务繁重,超出本公司应急处置能力时,由现场应急救援总指挥向当地县级以上人民政府应急管理部门和业务主管部门(如工信局等)、特种设备主管部门(市场监管局)以及消防救援机构报告,请求增援和指导,实施扩大的应急响应。

(4)当储气罐、空压机发生爆炸时,应立即切断电机电源;当压力管道发生爆炸时,应立即切断上端进口阀。

(5)当有因爆炸而导致建筑物、设备、管道有崩塌危险时,由公司负责向外界单位求助,公司工作人员严禁进入相关区域,如因紧急情况确需进入现场的,应佩戴完好防护用品。

（6）当有人员受伤时,应根据其受伤程度,决定采取合适的救治方法,按现场急救处理程序进行救治,同时用电话等快捷方式向当地的 120 急救中心求救,并派人等候在交叉路口处,指引救护车迅速赶到事故现场,争取最快速度由医务人员接替救治。在医务人员未接替救治前,现场人员应及时组织现场抢救。

（7）在应急处置过程中,要及时续报有关情况。

（8）当有易燃易爆的气体泄漏,可能发生火灾时,应立即切断进气阀,疏散周围人员,停止周边一切明火作业,建立隔离区,实施隔离区管制。

（9）当介质为有毒介质时,应立即切断通向受损容器的主阀门,人员戴防毒面具进行现场处置。

（10）应急处置结束后,应由相关部门进行全面检验,查明原因,并检修整改合格后,才能恢复使用。

（二）现场自救和互救注意事项

（1）佩戴个人防护器具方面的注意事项。现场处置人员必须佩戴和使用符合要求的防护用品,严禁救援人员在没有采取防护措施的情况下盲目施救。

（2）使用抢险救援器材方面的注意事项。检查抢险救援器材是否完好,正确使用抢险救援器材。

（3）要正确判断事故类型、规模和发展趋势,采取相应措施。

（4）"以人为本,安全第一",把抢救人的生命放在第一位,如事故无法控制,应立即撤离危险区域。

（5）应急救援时,应安排 2 人以上为一组,相互监护,确保人员安全。

（6）应熟悉生产场所安全通道及疏散出口的位置,以便迅速脱离危险区域。

（三）采取救援对策或措施方面的注意事项

（1）严格执行现场指挥下达的应急救援命令,正确执行应急救援措施,避免因救援对策或措施执行错误造成事故进一步扩大或人员伤亡重大事故的发生。

（2）在不妨碍抢救受伤人员和物资的情况下,尽最大努力保护事故现场。受伤人员和物资需移动时,必须在原地点做好标志,机械或车辆非特殊情况不得移动,以便为勘察现场提供确切的资料。

（3）事故现场的作业人员应尽快有组织地进行疏散,应设置警戒区,防止无关人员进入。

（四）应急救援结束后的注意事项

事故应急处置结束后,应注意保护好现场,积极配合有关部门的调查处理工作,并做好伤亡人员的善后处理。

（五）其他需要特别警示的事项

（1）事故救援时应封锁事故现场,救援区域内严禁一切无关人员、车辆和物品进入,同时,开辟应急救援人员、车辆及物资进出的安全通道,维持事故现场的治安和交通秩序。

（2）各级各类人员严格服从现场指挥部的统一调配,共同做好救援工作。

（周瑞庆:河南信儒实业有限公司总经理、高级工程师。）

第十八章　其他爆炸事故

（霍琰、马媛媛点评）

其他爆炸： 凡不属于上述爆炸的事故均列为其他爆炸事故，如：

（1）可燃性气体与空气混合形成的爆炸，可燃性气体如煤气、乙炔、氢气、液化石油气，在通风不良的条件下形成爆炸混合物，引起的爆炸。

（2）可燃蒸气与空气混合形成的爆炸性气体混合物，如汽油挥发气引起的爆炸。

（3）可燃性粉尘及可燃性纤维与空气混合形成的爆炸性气体混合物引起的爆炸。

（4）间接形成的可燃气体与空气相混合，或者可燃蒸气与空气相混合（如可燃固体、自燃物品，当其受热、水、氧化剂的作用迅速反应，分解出可燃气体或蒸气与空气混合形成爆炸性气体），遇火源爆炸的事故。例如炉膛爆炸、钢水包爆炸、亚麻粉尘的爆炸，都属于其他爆炸。

案例一　江苏省苏州昆山市某金属制品有限公司"8·2"特别重大其他爆炸事故

2014年8月2日7时34分，位于江苏省苏州市昆山市昆山经济技术开发区（简称昆山开发区）的某金属制品有限公司（台商独资企业，以下简称某金属制品公司）抛光二车间（4号厂房，简称事故车间）发生特别重大铝粉尘爆炸事故，当天造成75人死亡、185人受伤。依照《生产安全事故报告和调查处理条例》（国务院令第493号）规定的事故发生后 30 日报告期,共有 97 人死亡、163 人受伤(事故报告期后,经全力抢救医治无效陆续死亡 49 人,尚有 95 名伤员在医院治疗,病情基本稳定),直接经济损失 3.51 亿元。

一、事故发生经过

2014 年 8 月 2 日 7 时,事故车间员工上班。7 时 10 分,除尘风机开启,员工开始作业。7 时 34 分,1 号除尘器发生爆炸。爆炸冲击波沿除尘管道向车间传播,扬起的除尘系统内和车间集聚的铝粉尘发生系列爆炸。当场造成 47 人死亡、当天经送医院抢救无效死亡 28 人,185 人受伤,事故车间和车间内的生产设备被损毁。

二、事故原因

(一)直接原因

事故车间除尘系统较长时间未按规定清理,铝粉尘集聚。除尘系统风机开启后,打磨过程产生的高温颗粒在集尘桶上方形成粉尘云。1 号除尘器集尘桶锈蚀破损,桶内铝粉受潮,发生氧化放热反应,达到粉尘云的引燃温度,引发除尘系统及车间的系列爆炸。

因没有泄爆装置,爆炸产生的高温气体和燃烧物瞬间经除尘管道从各吸尘口喷出,导致全车间所有工位操作人员直接受到爆炸冲击,造成群死群伤。

(二)管理原因

(1)某金属制品公司无视国家法律,违法违规组织项目建设和生产,是事故发生的主要原因。

(2)苏州市、昆山市和昆山开发区安全生产红线意识不强,对安全生产工作重视不够,是事故发生的重要原因。

(3)昆山开发区、昆山市、苏州市、江苏省安全监管部门,昆山市、苏州市消防机构,昆山开发区、昆山市、苏州市环境保护部门,昆山开发区、昆山市住房和城乡建设部门等负有安全生产监督管理责任的有关部门未认真履行职责,审批把关不严,监督检查不到位,专项治理工作不深入、不落实,是事故发生的重要原因。

(4)江苏省淮安市某建筑设计研究院等 3 个单位违法违规进行建筑设计、安全评价、粉尘检测、除尘系统改造,对事故发生负有重要责任。

三、防范措施

(1)严格落实企业主体责任,加强现场安全管理。各类粉尘爆炸危险企业必须遵守国家法律法规,把保护职工的生命安全与健康放在首位,坚决不能以牺牲职工的生命和健康为代价换取经济效益。

(2)加大政府监管力度,强化开发区安全监管。

(3)落实部门监管职责,严格行政许可审批。

(4)深刻吸取事故教训,强化粉尘防爆专项整治。

(5)加强粉尘爆炸机制研究,完善安全标准规范。

案例二　江苏响水某化工有限公司 "3·21"特别重大其他爆炸事故

2019 年 3 月 21 日 14 时 48 分许,位于江苏省盐城市响水县生态化工园区的某化工有限公司(以下简称某化工公司)发生特别重大其他爆炸事故,造成 78 人死亡、76 人重伤、640 人住院治疗,直接经济损失 198 635.07 万元。

一、事故有关情况

事故调查组经调阅现场视频记录等进行分析认定,2019 年 3 月 21 日 14 时 45 分 35 秒,某化工公司旧固废库房顶中部冒出淡白烟,随即出现明火且火势迅速扩大,至 14 时 48 分 44 秒发生爆炸。

事故调查组认定,江苏响水某化工有限公司"3·21"特别重大其他爆炸事故是一起长期违法储存危险废物导致自燃,进而引发爆炸的特别重大生产安全责任事故。

二、事故直接原因

事故调查组通过深入调查和综合分析认定,事故直接原因是:某化工公司旧固废库内长期违法储存的硝化废料持续积热升温导致自燃,燃烧引发硝化废料爆炸。

起火位置为某化工公司旧固废库中部偏北堆放硝化废料部位。经对某化工公司硝化废料取样进行燃烧试验,表明硝化废料在产生明火之前有白烟出现,燃烧过程中伴有固体颗粒燃烧物溅射,同时产生大量白色和黑色的烟雾,火焰呈黄红色。经与事故现场监控视频比对,事故初始阶段燃烧特征与硝化废料的燃烧特征相吻合,认定最初起火物质为旧固废库内堆放的硝化废料。

事故调查组认定储存在旧固废库内的硝化废料属于固体废物,经委托专业机构鉴定属于危险废物。

起火原因:事故调查组通过调查逐一排除了其他起火原因,认定为硝化废料分解自燃起火。

三、企业主要问题

(一)某化工公司存在问题

某化工公司无视国家环境保护和安全生产法律法规,长期违法违规储存、处置硝化废料,企业管理混乱,是事故发生的主要原因。

(1)刻意瞒报硝化废料。

(2)长期违法储存硝化废料。

(3)违法处置固体废物。

(4)固废和液废焚烧项目长期违法运行。

(5)安全生产严重违法违规。

(6)违法未批先建问题突出。

(二) 中介机构存在问题

中介机构弄虚作假,出具虚假失实文件,导致事故企业硝化废料重大风险和事故隐患未能及时暴露,干扰误导了有关部门的监管工作,是事故发生的重要原因。

这些中介机构包括:

(1)环境影响评价机构:苏州某环境技术有限公司、江苏省某环境科学研究院、盐城市某环保科技有限公司、江苏省某环科院环境科技有限责任公司、盐城市某环境监测中心站。

(2)安全评价机构:江苏某安全技术有限公司。

(3)设计、施工、监理、设施检测维保等机构:江苏某建设工程集团有限公司、江苏某建设研究院、盐城某房屋安全鉴定有限公司、江苏某消防工程有限公司、盐城大丰市某建设工程施工图审查中心。

四、有关部门主要问题

(1)响水县、盐城市、江苏省三级应急管理部门未认真履行安全监督管理职责。

(2)响水县、盐城市、江苏省三级生态环境部门未认真履行危险废物监管职责。

(3)响水县、盐城市、江苏省三级工业和信息化部门督促化工园区及化工企业升级、产业调整不力。

(4)响水县市场监督管理局在某化工公司复产后,未对存在的问题跟踪督促整改。

(5)生态化工园区规划建设局、响水县规划和城市管理局对"未批先建"违法行为监督检查不力。

(6)响水县住房和城乡建设局先后为某化工公司补办了6批工程的7次施工许可手续,均是在开工建设后补办(含新旧固废库),且未对有关企业进行处罚。

五、事故防范措施建议

（1）把防控化解危险化学品安全风险作为大事来抓。

（2）强化危险废物监管。

（3）强化企业主体责任落实。

（4）推动化工行业转型升级。

（5）加快制（修）订相关法律法规和标准。

（6）提升危险化学品的安全监管能力。

点评：其他爆炸事故的主要原因、防范措施和应急处置

按照事故分类的国家标准，凡不属于火药爆炸、瓦斯爆炸、锅炉爆炸、容器爆炸的爆炸事故，均列为其他爆炸事故。其他爆炸事故大体可分为三种：一是可燃性粉尘与空气混合形成的爆炸性气体混合物引起的爆炸，简称粉尘爆炸事故；二是可燃性气体或者可燃蒸气或者间接形成的可燃气体与空气混合形成的爆炸性气体混合物发生的爆炸，简称工业危险品爆炸事故；三是城市燃气管道泄漏或者用户使用燃气不当引起的可燃性气体与空气混合形成的爆炸性气体混合物发生的爆炸，简称燃气爆炸事故。其他爆炸事故是工贸行业近几年来发生重特大事故最多的一类事故。如：2014 年江苏省苏州昆山市中荣金属制品有限公司"8·2"特别重大爆炸事故、2013 年山东省青岛市"11·22"中石化东黄输油管道泄漏爆炸特别重大事故、2019 年江苏响水天嘉宜化工有限公司"3·21"特别重大爆炸事故、2018 年张家口中国化工集团盛华化工公司"11·28"重大爆炸事故等。

一、其他爆炸事故的特点

(一) 粉尘爆炸的特点

（1）多次爆炸是粉尘爆炸的最大特点。由于粉尘的初始爆炸气

浪会将沉积粉尘扬起,在新的空间达到爆炸浓度而产生二次爆炸。

(2)粉尘爆炸是可燃性粉尘在空气中浮游,当一种火源给予一定的能量后发生的爆炸。粉尘浓度超过爆炸极限,遇到明火即可能发生爆炸事故。

(3)与可燃性气体爆炸相比,粉尘爆炸压力上升较缓慢,较高压力持续时间长,释放的能量大,破坏力强。

(二)工业危险品爆炸事故的特点

(1)工业危险品爆炸事故往往不仅单纯地破坏工厂设施、设备或造成人员伤亡,还会由于各种原因,进一步引发火灾等。一般后者的损失是前者的 10~30 倍。

(2)事故发生的范围普遍。化工企业火灾爆炸事故不仅全国各地都有发生,一个工厂各个车间都有可能发生,而且爆炸后引发火灾事故所占的比例也最高。特别是在危险化学品的生产经营储存场所,爆炸事故与火灾事故几乎就是一对"孪生兄弟"。

(3)在很多情况下,工业危险品爆炸事故发生的时间都很短,所以几乎没有初期控制和疏散人员的机会,因而伤亡较多。其突出特点就是普遍、多发、严重。

(4)事故时有发生,而且重复发生。

(三)管道燃气爆炸事故的特点

1.城镇燃气事故易发

我国在 2019 年用气人口达到 5 亿人,天然气消费量占能源总消费量的 7.3%,预计到 2025 年达到 15% 左右。2018 年天然气消费量突破 2 800 亿 m³,其中城镇燃气消费量占我国天然气消费量的 50%,我国进入了天然气时代。在城镇燃气行业快速发展的同时,燃气事故时有发生。据中国城市燃气协会统计:2019 年,发生燃气相关事故 722 起,造成 63 人死亡、585 人受伤。722 起事故中,室内燃气事故 463 起、室外燃气事故 259 起。全年每月平均事故数量超过 60 起。

2. 爆炸风险高

管道燃气一般为天然气和人工煤气,天然气爆炸极限为 5%～15%,人工煤气爆炸极限为 6%～70%,爆炸极限范围越宽,爆炸下限越低,越容易引起爆炸,危险性越高。

3. 火焰传播速度快

管道燃气最小点火能量和点火温度较低,天然气和人工煤气的最小点火能量为 0.2～0.4 MJ,天然气燃点是 650～750 ℃,火焰传播速度快,每秒钟可达 35 厘米左右。

4. 扩散性强,持续性显著

管道燃气有不同的压力级制,高压管道压力为 0.8～4 MPa,中压管道压力为 0.01～0.4 MPa。进入户内后,天然气低压用气设备前压力一般为 2 000 Pa,管道供气稳定、持续,天然气和人工煤气密度比空气轻。以上这些特点造成泄漏后更容易持续和大量泄漏,泄漏后具有很强的扩散性,波及更大的范围,燃烧和爆炸的范围更广。

二、其他爆炸事故的危害

(一) 粉尘爆炸事故的危害

可燃粉尘与空气混合被点燃后的燃烧波传播速度常压下为 1 m/s 或更低。但在封闭的容器内,由于燃烧放出大量的气体使容器内气压剧增,燃烧波的传播速度加快,一般都在 300 m/s 以上,甚至可以达到 1 000 m/s。这种速度会形成强大的冲击波,对周围事物造成极大的破坏;同时产生的冲击波沿通风管道或输送设备传播到其他部位,造成连环爆炸,产生非常严重的危害。

1. 粉尘爆炸事故具有极强的破坏性

粉尘爆炸涉及的范围很广,煤炭、化工、医药加工、木材加工、粮食和饲料加工等行业都时有发生。粉尘爆炸尤其是系统爆炸,造成的损失更严重。

粉尘爆炸呈现出跳跃式和爆炸连续性的特点,具有很强的破坏性。粉尘爆炸形成后,随着爆炸的连续,反应速度和爆炸压力也就持续加快和升高,并呈现跳跃式发展,产生爆震。特别是在爆炸传播途中遇有障碍物或巷道拐弯处,压力会急剧升高。所以在一些粉尘爆炸事故中,不仅表现出了爆炸连续性的特点,而且表现出了离爆炸点越远、破坏性越严重的特点。

2. 容易产生二次爆炸

第一次爆炸气浪把沉积在设备或地面上的粉尘吹扬起来,在爆炸后的短时间内爆炸中心区会形成负压,周围的新鲜空气便由外向内填补进来,形成所谓的"返回风",与扬起的粉尘混合,在第一次爆炸的余火引燃下引起第二次爆炸。二次爆炸时,粉尘浓度一般比一次爆炸时高得多,故二次爆炸威力比第一次要大得多。

3. 能产生有毒气体

粉尘爆炸后能产生有毒气体,与气体爆炸相比,粉尘爆炸容易引起不完全燃烧,有些沉积粉尘还有引燃现象。而爆炸产物含有大量的 CO 气体及自身分解产生的毒性气体 HCl、HCN 等,容易使人中毒。

(二) 工业危险品爆炸事故的损失相当严重

工业危险品爆炸事故造成一套装置破坏的有之,造成全厂生产装置破坏的有之,因单台设备损坏或关键设备损坏而造成停产损失的更多,这些严重后果中还包括一些工人、干部付出的生命代价。事故发生后,不仅厂里恢复生产需要加倍紧张工作,而且给社会增加了不安定因素。火灾爆炸事故的恶性后果,使化工企业的安全状况始终处于被动状态,2018 年以来,甚至达到了王浩水同志所说的"谈化色变"的程度!

(三) 管道燃气爆炸事故危害

随着我国城镇化进程的快速推进,城镇燃气行业得到快速发展,燃气用户数量、管网长度激增,市区内房屋建筑密集,用户多为高层、多层,燃气管道贯穿市区道路、庭院及上下楼层,一旦发生燃气泄漏燃烧爆炸事故,波及范围广、人员伤亡多、房屋建设损毁严重,极易造成恶劣的社会影响。

三、其他爆炸事故的主要原因

(一) 粉尘爆炸事故的主要原因

1. 容易发生粉尘爆炸的生产工艺

(1)粉碎过程。由于机械力的作用会扬起大量粉尘,设备内悬浮的粉尘往往处于爆炸浓度范围之内,且各种力的作用更容易产生摩擦、撞击火花、静电等点火源,导致粉尘爆炸的发生。

(2)气固分离过程。在风力作用下,分离器内的粉尘均处于悬浮状态,此时,如存在足够能量的点火源,爆炸事故就会发生。

(3)干式除尘过程。除尘前粉尘是处于悬浮状态的,黏附在滤材上的粉尘在清灰状态下也处于悬浮状态,若恰好有足够能量的点火源,将发生粉尘爆炸事故。

(4)干燥过程。使用喷雾、气流或沸腾干燥器干燥颗粒状物料或粉料时,设备内形成的可燃粉尘—空气混合物的爆炸事故在生产实践中时有发生。

(5)输送过程。气力输送过程中,工业粉尘处于蓬松的悬浮状态,已具备粉尘爆炸的主要条件,只要有合适的点火源则极其危险,并且输送管线与分离和除尘设备相连,极易引起二次爆炸,造成更大的伤亡和损失。

(6)清扫、吹扫过程。生产过程中粉尘难免要从设备中逸出,这些粉尘堆积在厂房及设备表面,若不及时清除,在达到一定浓度并且飞扬起来之后,很容易造成爆炸事故,并且在清扫过程中,也极易引起粉尘飞扬,形成悬浮爆炸条件。

2. 容易发生粉尘爆炸的设备

(1)集尘器。

(2)干燥器。

(3)筒仓。

（4）链式提升机。

3. 粉尘发生爆炸的原因

可燃粉尘氧化反应释放能量→诱发较大区域粉尘反应、释放能量→温度、压力急剧上升，气体急剧膨胀。粉尘云着火时，顷刻间完成燃烧过程，释放大量热能，使燃烧气体温度骤然升高，体积剧烈膨胀，形成很高的膨胀压力，一旦空间受限，就会发生爆炸！

4. 粉尘爆炸的五个要素

（1）可燃性粉尘。

（2）氧气。

（3）火源。

（4）限制。

（5）扩散。

5. 点火源分类

根据产生能量方式的不同，点火源可分成 8 类：

（1）明火焰（动火、吸烟、气焊割等）。

（2）高温物体（过热马达、电烙铁、白炽灯、汽车排气管、烟囱火星、焊割作业金属熔渣、暖气片等过热表面）。

（3）电气火花（接线盒、开关、控制箱漏电、短路、接触不良、继电器接点等）。

（4）撞击与摩擦（使用铁制工具、运输工具撞刮，润滑不良轴承，氧化剂撞击）。

（5）绝热压缩。

（6）光线照射与聚焦（雷闪电、光线聚焦）。

（7）化学反应（氧化燃烧、自燃）。

（8）静电放电（电晕放电、静电积累、火花放电）。

6. 受限空间

粉尘云要处在相对封闭的空间，压力和温度才能急剧升高，继而发生爆炸。

(二) 工业危险品爆炸事故的主要原因

1. 可燃气体泄漏

由于可燃气体外泄容易与空气形成爆炸性混合气体,因此可燃气体的泄漏就容易造成火灾爆炸事故。可燃性气体泄漏有以下几种情况:

(1) 设备的动静密封处泄漏。

(2) 设备管道腐蚀泄漏。

(3) 水封因断水、未加水跑气泄漏。

(4) 设备管道阀门缺陷或断裂造成泄漏。

这类事故大致是由于生产设备管理混乱、密封材料材质或检修不合要求、操作维护不当、在检修中未泄压却加外力、操作中巡回检查、开停车不按操作规程进行等因素引起的。因此,必须按原化工部规定的检修操作规程、无泄漏工厂标准及设备动力管理条例等有关规定加以管理。对已出现的泄漏,及时发现,及时消除,暂不能消除的要有预防措施,避免扩大或发生灾害事故。

2. 系统负压,空气与可燃气体混合

造成可燃性混合气体的情况有以下几种:

(1) 系统停车,停车后随温度下降造成负压,由敞口吸入空气。

(2) 系统停水,停水后因水封水泄漏失去作用而导致空气吸入。

(3) 操作失误,联系不当,报警联锁装置不全或失灵,造成气体抽送不平衡而致负压,由敞口或泄漏处吸入空气。

(4) 气体入口管线被杂物、结晶体或水堵塞,造成抽负,由敞口或泄漏处吸入空气。

(5) 用空气试压、试漏,系统可燃物未清除干净、未加盲板,造成可燃气体与空气混合。

这类事故大部分发生在气体输送岗位或与气体压缩有关的岗位,当发生在加压过程中时更加危险,因为在爆炸性混合气体中,一方面氧含量在增加,另一方面在加压后,爆炸极限范围扩大,更容易

发生事故。

3. 系统生产时氧含量超标

氧含量超标,可能在许多部位出现,但究其原因集中在造气岗位,通常由操作失误、设备缺陷、人员违章、断油断气或安全报警装置失灵所造成,氧含量超标可能超出造气岗位范围而在脱硫、变换、压缩等部位发生,应当引起特别重视。

4. 系统串气

系统串气有两种情况:一种情况是高压串低压,形成超压爆炸;另一种情况是空气与可燃性气体互串形成化学性爆炸。前一种情况大部分是由于操作失误及低压无安全附件或附件失灵造成。如合成高压串低压液氨槽爆炸、合成高压串低压再生系统爆炸等。后一种情况大部分是由于盲板抽堵错误,用阀门代替盲板或误操作造成的。

如某设备动火,内含空气,因系统未用盲板隔离,可燃气体由阀门漏入或有人误操作打开关着的阀门,使可燃气体进入正在动火的设备,与空气混合形成爆炸性混合气体,因而发生爆炸。

5. 违章动火

违章动火有以下几点:

(1)未申请动火证又无动火安全知识,私自动火。

(2)虽申请动火作业证但未置换彻底或取样方法不对,分析结果错误。

(3)动火安全措施考虑不周。

(4)动火现场安全条件未周密查看。

(5)动火系统与其他系统未彻底隔绝。

(6)动火作业证私自变更安全措施或更改动火时间。

(7)不置换动火或未维持正压动火。

这类事故是化工火灾爆炸事故的重点。由于动火作业技术性极强,管理要求较高,因此安技部门应切实控制好,以防事故的发生。

(三)燃气爆炸事故原因分析

据统计,近三年各类户内燃气事故 1 683 起,户外燃气事故 803 起。户内燃气事故中,液化石油气类事故占比 68%,管道气事故占比约 25%,液化石油气是引发室内燃气爆炸的主要气源种类。和液化气罐相比,管道气相对安全些。

1. 户内燃气爆炸事故

(1)胶管问题占比 44%。胶管鼠咬、老化、未连接、脱落等是导致燃气泄漏引发着火爆炸的首要原因。从这方面看,说明自闭阀、报警器、不锈钢金属波纹管等户内本质安全技术推广十分必要。

(2)忘关或未完全关闭阀门原因占比 15%。阀门未及时关闭或关闭不严,锅烧干着火后,导致胶管烧断,燃气大量泄漏,居燃气爆炸事故原因第二位。这在一定程度上反映了人们的安全意识不足,燃气安全教育宣传仍需加强。

(3)更换或维修液化气罐操作不当导致泄漏原因占比 14%。

(4)使用超期燃气器具。超期后内部元器件老化,安全装置失效,易发生中途熄火、爆燃等问题,造成燃气着火爆炸事故。根据《燃气工程项目规范》的规定,燃气灶具、天然气、热水器的判废年限都是 8 年,到期必须更换。超期限使用燃气器具会因内部元器件老化,而易发生中途熄火、安全装置失效等问题,造成燃气泄漏。从这方面看,加强燃气灶具市场的管理,加快定时关断、熄火自动保护等灶具本质安全技术推广应用十分必要,是减少户内燃气事故的最佳途径。

(5)使用不合格产品。如使用不带熄火保护装置的燃气灶,火熄灭后,燃气不能自动切断;用塑料水管等连接燃气具;使用不合格的燃气报警器、电磁阀等,漏气不能及时报警、切断。

(注意:根据原国家安全监管总局办公厅《关于居民住宅发生燃气事故有关问题的复函》(安监总厅政法函〔2007〕360 号)精神,由于居民个人使用燃气设备不当造成的事故,不属于燃气企业在生产经营中发生的事故,不计入生产安全事故。由于燃气管道破裂造成的事故,要视情况而定。如果燃气管道破裂是由于燃气企业或者其他工程在施工过程中造成的,应计入生产安全事故,并依照《生产安全事故报告和调查处理条例》进行调查处理;如果是在使用过程中因个人原因造成的,则不计入生产安全事故。)

2. 户外燃气爆炸事故

户外燃气爆炸事故中约 65% 是由于燃气管道被外力破坏引发的。第三方施工破坏事故仍然处于高发期,城市地下设施、管道情况复杂,部分地区埋地钢制管道无有效防腐蚀措施。近年来随着地铁工程建设,杂散电流对钢制管道也有很大的影响,由于管道腐蚀穿孔,燃气泄漏,造成着火爆炸的事故有上升趋势。

(1)野蛮施工,施工人员素质参差不齐,施工手续难办,施工工期紧张,野蛮施工时有发生,是造成外力破坏最重要的原因。

(2)技术交底不到、施工前技术人员不到场、勘察仪器不全、管道定位不准确,导致技术交底工作形同虚设。

(3)燃气管道图纸和警示标识不全,施工过程管理差,管网施工图纸缺失,实际位置与图纸不相符,管道上方无警示带或警示护板、路面无管道警示贴、警示桩等,也极易造成外力破坏燃气管道。

(4)防外力破坏机制不健全,部分燃气企业未建立系统化的防外力破坏机制,巡线力量薄弱,巡线要求不详细,发现施工后监护措施不到位等,易引发外力破坏。

(5)防腐蚀措施不到位,埋地钢制管道无阴极保护系统,未对地铁等产生的杂散电流采取有效的排流措施,导致管道腐蚀穿孔,产生漏气。

四、其他爆炸事故的防范措施

(一)预防粉尘爆炸的安全措施

1. 预防粉尘爆炸的法规措施

《严防企业粉尘爆炸五条规定》(原国家安全监管总局令第 68 号)。

(1)必须确保作业场所符合标准规范要求,严禁设置在违规多层房、安全间距不达标厂房和居民区内。

(2)必须按标准规范设计、安装、使用和维护通风除尘系统,每班按规定检测和规范清理粉尘,在除尘系统停运期间和粉尘超标时严禁作业,并停产撤人。

(3)必须按规范使用防爆电气设备,落实防雷、防静电等措施,保证设备设施接地,严禁作业场所存在各类明火和违规使用作业工具。

(4)必须配备铝镁等金属粉尘生产、收集、储存的防水防潮设施,严禁粉尘遇湿自燃。

(5)必须严格执行安全操作规程和劳动防护制度,严禁员工培训不合格和不按规定佩戴使用防尘、防静电等劳动保护用品上岗。

2. 预防粉尘爆炸的国家标准和行业标准

(1)《粉尘防爆安全规程》(GB 15577—2018)。本标准规定了粉尘爆炸危险场所的防爆安全要求。

本标准适用于粉尘爆炸危险场所的工程设计、生产管理及粉末产品的储存和运输。

(2)《粉尘爆炸危险场所用收尘器防爆导则》(GB/T 17919—2008)。本标准规定了粉尘爆炸危险场所用收尘器的防爆要求。本标准适用于粉尘爆炸危险场所用收尘器的设计、安装、使用与维护。

(3)《铝镁粉尘加工防爆安全规程》(GB 17269—2003)。

(4)《铝镁制品机械加工粉尘防爆安全技术规范》(AQ 4272—2016)。

3. 预防粉尘爆炸的技术措施

预防就是消除三要素中的一个或多个因素。另加粉尘爆炸保护措施。

1) 消除火源

(1) 可靠接地。

(2) 使用粉尘防爆电器。

(3) 火花探测与熄灭。

(4) 消除明火。

(5) 防止局部过热。

(6) 不用金属敲击,防止产生火花。

2) 消除燃料

保持工作间的整洁,正确清扫;清洁设备表面;注意天花板上的粉尘。

3) 消除氧化剂

内部空气惰化;用惰性气体如 N_2、CO_2 等替代氧气。

通常适用于筒仓,但对于旋风分离器、干燥器、粉尘收集器等设备不适合。

4) 粉尘爆炸保护措施

泄爆、抑爆、隔爆、提高设备耐压能力、多种保护方法并用。粉尘系统设计有泄爆、抑爆、隔爆、惰化、静电接地、防止火花等。

4. 预防粉尘爆炸的工程措施

保证粉尘环境下安全生产是一项系统工程,由于粉尘爆炸事故扑救极为困难,因此,建设项目本质安全设计是预防粉尘爆炸的关键,防范粉尘爆炸应采取多方面的工程设施。

1) 控制点火能的工程措施

(1) 粉尘爆炸危险场所电力设计应按《爆炸危险环境电力装置设计规范》(GB 50058—2014)的有关规定执行,粉尘爆炸危险场所用电气设备应按《可燃性粉尘环境用电气设备 第 1 部分:通用要求》(GB

12476. 1—2013)的相关规定执行。

(2)粉体设备排放粉尘的放散管、呼吸阀、排风管等管外空间应处于防雷接闪器的保护范围,防雷设计应按照《石油化工装置防雷设计规范》(GB 50650—2011)、《建筑物防雷设计规范》(GB 50057—2010)的有关规定执行。

(3)在设备布置上应充分考虑粉体设备与高温明火设备隔离,对于可燃粉尘环境应禁止明火。

(4)直接用于盛装起电粉体的设备、输送粉体的管道(带)等,应采用金属或防静电材料制成;所有金属管道连接处(如法兰),应进行跨接;不应采用直接接地的金属导体或筛网与高速流动的粉末接触的方法消除静电。

粉体设备防静电设计应按照《石油化工粉体料仓防静电燃爆设计规范》(GB 50813—2012)执行。

(5)存在可燃粉尘的场所,其输送、转动设备应安装轴承温度联锁装置。在故障情况下,高温联锁信号应能及时切断电机电源。

2)控制粉尘扩散的工程措施

粉体卸料系统应首选密闭卸料设计,并增设防止粉料聚集的措施。根据设备布置情况设置相对独立的除尘系统,产尘点应安装吸尘罩,风管中不应有粉尘沉降,安装除尘器并正确使用维护。

3)预防二次爆炸的工程措施

工艺设备的接头、检查门、挡板、泄爆口盖等均应封闭严密,不能完全防止粉尘泄漏的特殊地点(如粉料进出工艺设备处),应采取有效的除尘措施;手工装粉料场所,应采取有效的防尘措施;粉体打包的场所,应定期清扫粉尘。所有可能积累粉尘的生产车间和储存室,都应及时清扫;不应使用压缩空气进行吹扫。

5.其他方法

(1)控制投料配比、速率和程序。要特别注意初始压力和温度,加催化剂、添加剂,不允许过量和过快。防止尾气吸收不完全,引起可燃性气体和粉尘外逸,严格按投料程序操作。

(2)惰化可燃气或粉尘的混合物。

(3)防止可燃物泄漏。

6. 静电保护措施

1)减少摩擦

皮带传动时尽可能用导电胶带,导电三角胶带。输送易燃易爆物体时最好不用皮带传动。同时还要考虑管道材质等因素。管道的出口处是静电危害的严重区域。粉磨机供料流量要均匀、正常,防止断流、空转,以防止静电和摩擦。

2)静电接地

提供静电荷泄放的通道。但静电接地是有条件的,并不是一切物体带电都可借助于接地的办法来解决。静电接地电阻应掌握在10~1 000 Ω,而对于含有非金属成分(如塑料)则应更少。

静电事故多发于粒径小于 100 μm 的粉尘,粉尘越细,传送速度应越慢。允许加湿的情况下,可将空气湿度增加到65%以上。输送设备要采用滚动轴承,轴承加油口应尘密,轴承座表面应干净、防积尘。全部输送设备应可靠接地。气力输送管道也应是导电材料,接管法兰处应有适当的电连接。

7. 防爆惰化措施

用惰化介质,常用氮气、二氧化碳、卤化烃取代空气,当惰化介质达到一定浓度时可使空气中氧含量降低,从而使可燃性混合物的爆炸极限降低或趋于零。可燃性粉尘,当粒径小于 10 μm 并悬浮于空气中时,遇到火源可能被点燃发生爆炸。用惰性气体(如氮气)进行粉尘防爆惰化使混合物中氧含量降低,使爆炸极限范围大大缩小。用惰性粉末进行粉尘防爆惰化,要求惰性粉尘浓度至少达到总粉尘量的65%。可见,采用惰性气体来惰化的效果明显好得多。在常温常压下氧含量低于8%,有机粉尘不再发生爆炸。而用惰性粉末因用量太多,在生产中往往行不通。

8. 安装爆炸泄压装置

泄爆装置是用来封闭设备的泄压孔。当设备内可燃混合物发生爆炸时,能在指定的开启压力下打开泄压。因此,首先它必须有准确的开启压力,较小的启惯性,开启时间尽量短,泄爆时确保安全释放。泄爆后,应防止包围体损坏,外面还应加安全网防止人和异物落入等。

9. 个体防护措施

应按《个体防护装备选用规范》(GB/T 11651—2008)的有关规定使用劳动保护用品。在工艺流程中使用惰性气体或可能释放出有毒气体的场所,应配备可保证作业人员安全的呼吸保护装置;在作业场所内,生产人员不应贴身穿着化纤制品衣裤。

(二) 工业危险品爆炸事故的预防措施

1. 预防工业危险品爆炸事故的法规措施

(1)《油气罐区防火防爆十条规定》(原国家安全生产监督管理总局令第 84 号)。

①严禁油气储罐超温、超压、超液位操作和随意变更储存介质。

②严禁在油气罐区手动切水、切罐,装、卸车时作业人员离开现场。

③严禁关闭在用油气储罐安全阀切断阀和在泄压排放系统加盲板。

④严禁停用油气罐区温度、压力、液位、可燃及有毒气体报警和联锁系统。

⑤严禁未进行气体检测和办理作业许可证,在油气罐区动火或进入受限空间作业。

⑥严禁内浮顶储罐运行中浮盘落底。

⑦严禁向油气储罐或与储罐连接管道中直接添加性质不明或能发生剧烈反应的物质。

⑧严禁在油气罐区使用非防爆照明、电气设施、工器具和电子

器材。

⑨严禁培训不合格人员和无相关资质承包商进入油气罐区作业,未经许可机动车辆及外来人员不得进入罐区。

⑩严禁油气罐区设备设施不完好或带病运行。

(2)《危险化学品重大危险源监督管理暂行规定》(原国家安全生产监督管理总局令第40号)。

(3)原化学工业部《安全生产禁令》(第四十一条)包括动火作业六大禁令,操作工的六严格,生产厂区十四个不准,进入容器、设备的八个必须,机动车辆七大禁令。

2. 控制消除危险性因素

(1)合理设计。在工业企业设计和设计变更过程中,要采用先进的工艺技术和技术水平高、可靠性强的防火防爆措施,采用安全的工艺指标和合理的配管。

(2)正确操作,严格控制工艺指标。

①按照规定的开停车步骤进行检查和开停车。

②控制好升降温、升降压速率。

③控制好正常操作温度、压力、液位、成分、投料量、投料顺序、投料速度以及排料量、排料速度等。

④按照规定的时间、指定的路线进行巡回检查。

3. 加强设备管理

(1)贯彻计划检修,提高检修质量,实行"双包"制度。

(2)加强压力容器的管理,强化监察和检测工作。

(3)对于超期服役的设备或有不符合现行法规规定的设备,一方面加强检测和监察,另一方面要有计划地逐步更新换代。

(4)设备的安全附件和安全装置要完整、灵敏、可靠、安全好用,同时,要注意用比较先进的、可靠性好的逐步取代老式的。

(5)推广检测工具的使用,逐步把对设备检查的方法从看、听、摸上升为用状态监测器进行,使之从经验检查变为直观化、数据化检查。

4. 提高自动化程度和使用安全保护装置的程度

(1)避免超温、超压、超负荷运行,保证生产装置达到稳定、长周期运行,避免事故的发生。

(2)采用联锁保护装置,可以提高系统的安全性,一旦出现不正常情况,有了联锁保护自动切断或动作,不仅可以防止事故的发生,而且也遏止了事故的蔓延。当然,在使用安全联锁保护装置时,首先应加强维护保养,定期检查,保证灵敏可靠;其次,不应降低对安全工作的责任心,不能因有了联锁装置而麻痹大意,特别应重点保护危险性大的部件。

5. 加强火源的管理

火灾爆炸事故的发生,一个很重要的原因是缺少对火源的管理,化工企业的火源一般有以下几种:

(1)明火。主要是化工生产过程中的加热用火和维修用火。

(2)摩擦与撞击。

(3)电气火花和静电火花。

(4)其他火源:指高温表面可产生自燃的物质、烟头、机动车辆、排气管等。

6. 加强危险品的管理

(1)严禁将明火、火种带入库内,严格动火制度。

(2)消除电气火花及静电放电的可能,库房用电必须按规定采取有效安全措施。

(3)库房人员必须穿不带铁钉的鞋或采用不发生火花的地面。

(4)在搬运过程中要严格防止撞击、摩擦、翻滚。

7. 防爆泄压措施

常用的防爆泄压装置有安全阀、防爆膜、防爆门、放空阀、排污阀等,主要是防止物理性超压爆炸。安全阀应定期校验,选用安全阀时要注意使用压力和泄压速度。

防爆膜和防爆门的作用,主要是避免发生化学爆炸时产生的高压。防爆膜和防爆门选用时应经过计算并选择合理的部件。

放空阀和排污阀是在紧急情况下作为卸压手段而使用的,但需要人操作,因此一定要保证灵活好用。

8. 在有火灾、爆炸危险的车间内,应尽量避免焊接作业

进行焊接作业的地点必须与易燃易爆的生产设备保持一定的安全距离。

9. 确保动火的安全

如需对生产、盛装易燃物料的设备和管道进行动火作业,应严格执行隔绝、置换、清洗、动火分析等有关规定,确保动火作业的安全。

10. 火灾、爆炸等危险场合的注意事项

在有火灾、爆炸危险的场合,汽车、拖拉机的排气管上要安装火星熄火器;为防止烟囱飞火,炉膛内要燃烧充分,烟囱要有足够的高度。

11. 搬运盛有可燃气体或易燃液体容器的注意事项

搬运盛有可燃气体或易燃液体的容器、气瓶时要轻拿轻放,严禁抛掷、防止相互撞击。

12. 进入易燃易爆车间的注意事项

进入易燃易爆车间应穿防静电的工作服、不准穿带钉子的鞋。

13. 防止物质自燃和爆炸的措施

对于物质本身具有自燃能力的油脂、遇空气能自燃的物质以及遇水能燃烧爆炸的物质,应采取隔绝空气、防水、防潮,或采取通风、散热、降温等措施,以防止物质自燃和爆炸。

(三)燃气爆炸事故的防控措施

1. 设计施工环节

(1)各类燃气场站和高中低压等各种压力级别的燃气工程的设计需符合《输气管道工程设计规范》(GB 50251—2015)、《城镇燃气

设计规范》(GB 50028—2006)、《汽车加油加气站设计与施工规范》
(GB 50156—2012)、《聚乙烯燃气管道工程技术规程》(CJJ 63—
2018)等各类规范标准要求。

(2)燃气工程施工质量对后期安全运营有较大影响,因此各类燃
气工程必须加强施工质量、安全管理,严格执行《城镇燃气室内工程
施工与质量验收规范》(CJJ 94—2009)、《城镇燃气输配工程施工及
验收规范》(CJJ 33—2005)等施工验收规范标准,做好焊缝检测、强度
试验、严密性试验等各类施工工序,验收合格后投入运行。

(3)燃气属于高危行业,在管道、管件、阀门、过滤器、调压器等各
类设备设施选择时,一定要选择质量可靠的合格产品,同时在不断总
结生产、建设和科学试验的基础上,积极采用新材料、新设备,满足后
期安全运营的需要。

2.运营管理环节

(1)严格履行企业安全生产主体责任。建立健全并严格执行安
全管理制度、岗位操作规程,积极推进风险分级管控和隐患排查治理
双重预防机制,加强安全管理、加大安全投入、强化新技术装备应用,
设置安全管理机构,配备应急抢险抢修人员和设备,切实提高应急处
置和保障能力。

(2)建立完善的管道及附属设施巡查检测、评估体系,开展管道
完整性管理。全面收集管道设施的关键信息,建立全面的管道设施
数据信息应用系统,打造智能管网。加强管道泄漏检测和埋地钢质
管道防腐层检测,发现漏气点及防腐层破损点,及时修补。定期开展
老旧燃气管道评估工作,针对危险性较高的老旧管网,及时更新改
造。组织开展管线隐患排查,对违章占压、安全间距不足等各类隐
患,制订整改计划,采取各种措施解决安全隐患。

(3)加强施工现场安全管理,进一步落实各方安全生产主体责
任,全力预防第三方施工破坏燃气管道事故发生。认真履行地下管

线施工审批程序,严格落实各项安全保护措施,深入整治野蛮施工和"三违"现象。建设单位要组织召开安全施工协调会,向施工单位提供准确的施工现场地下管线现状信息资料,并对安全施工作业职责分工提出明确要求;施工单位要在组织项目施工前,全面摸清项目涉及区域地下管线的分布和走向,制订专项施工方案、应急预案和现场处置方案,并报经地下管线权属单位同意后方可组织施工;监理单位要经常性审查地下管线安全保护措施,严格落实旁站式监理,并做好记录;地下管线权属单位要建立、健全地下管线巡护制度,对涉及所属地下管线的施工项目,要进行现场交底,并设置明显的安全警示标志标牌,必要时在作业现场安排专人监护。

(4)实施设备设施全生命周期管理。利用信息化手段加强设备设施管理,不断升级、完善企业设备管理制度,定期开展维护保养工作,利用先进技术手段对设备设施运行状况进行在线诊断,提前预知设备运行中存在的问题并及时解决,确保各类设备设施处于正常状态。

(5)加强燃气安全知识的宣传教育。要大力做好安全教育工作,充分利用报纸、广播、电视、网络等新闻媒体,积极开展燃气安全、泄漏应急处置等知识的宣传教育,增强全体公民特别是燃气用户的安全用气意识。定期进行户内安检,对检查发现存在的安全隐患(如胶管老化、龟裂,闲置阀门、直排式热水器隐患),应履行告知义务,并按照规定的燃气设施维护、更新责任范围实施相关工作,对违章使用燃气,特别是擅自安装、改装、拆除户内燃气设施和燃气计量装置的行为,必须严厉制止,及时纠正。遇到影响公共安全的用户违章时,一是燃气公司及时督促用户采取措施改正违法行为;二是充分协调属地政府部门,联合物业公司、居委会对违章用户共同作为,有效督促用户隐患整改到位。对居民用户推广使用不锈钢波纹软管或铠装软管、自闭阀,带熄火保护装置的灶具及合格热水器,提高本质安全水平。

(6)推广并规范液化石油气配送模式,建立可溯源的液化石油气钢瓶和用户信息管理系统,配套使用智能充装枪和智能角阀,确保对于超期未检钢瓶、已报废钢瓶、未入网的非自有产权钢瓶无法充装;杜绝钢瓶丢失、交叉充装等现象,严厉打击非法企业的恶意竞争,消除事故隐患,确保终端用户安全用气和企业稳定运营,促进行业良好发展。

(7)加强液化石油气终端市场的管理十分必要。用户要在正规渠道购买液化气,由企业送气工送瓶到户并负责维护和更换气罐,防止由于更换气罐时操作不当引发的燃气泄漏。此外,应加强石油液化气钢瓶的管理,防范不合格钢瓶泛滥。

五、其他爆炸事故的现场应急处置措施

(一)粉尘爆炸事故的现场处置

(1)粉尘爆炸事故发生后,现场最早发现者应向公司应急指挥中心报告。同时,现场工作人员立即采取措施处理,防止灾情进一步扩大,并迅速向应急指挥办公室报告。力争在事故初期得到控制,力求最小的事故损失。

(2)当现场人员不能及时扑救,需启动公司应急预案时,公司应急指挥中心接到报告后,应立即组织力量展开抢险扑救。同时成立现场指挥部,指挥各应急小组展开应急救援工作。

(3)抢救、抢修人员到达现场后,佩戴好防毒面具,坚持优先救人,即"先救人,后救物"的原则。若灾情快速蔓延,可能影响周边建筑物,马上拨打 119 电话向当地消防救援队求援,并派人到相关路口带引消防车。同时向当地县级以上人民政府应急管理部门报告。

(4)如当事故扩大有危及生命危险时,现场人员应尽快撤离到安全地方。

(5)立即在事故现场周围设岗,划分禁区并加强警戒和巡逻

检查。

（6）如当事故扩大危及周围人员安全时，应迅速组织有关人员协助友邻单位、过往行人在政府应急部门的指挥协调下，向上侧风方向的安全地带疏散。

（7）当现场有人受伤或中毒时，应立即拨打当地120急救中心电话求助，并对受伤人员进行清洗包扎等初步急救处置。

（8）通信保障组到达现场后，根据指挥中心的命令，及时组织事故抢险过程中所需物资的供应、调运；对内、外联系，及时向社会救援组织传递安全信息，发布险情，进行现场与外界有效沟通，以获得有力的社会支援。

（二）工业化学品爆炸事故的应急处置措施

1. 气体类危险化学品爆炸燃烧事故的现场处置

1）防护

根据爆炸燃烧气体的毒性及划定的危险区域，确定相应的防护等级。

2）询情

主要询问被困人员情况、容器储量、燃烧时间、消防设施、到场人员处置意见等情况。

3）侦察

主要搜寻被困人员、燃烧部位、侦察对毗邻威胁程度等。

4）警戒

根据询情、侦察情况确定警戒区域；严格控制各区域进出人员、车辆、物资。

5）救生

组成救生小组，携带救生器材迅速进入现场，将所有遇险人员移至安全区域。

6）控险

冷却燃烧罐（瓶）及与其相邻的容器，启用喷淋、泡沫、蒸气等固定或半固定灭火设施。

7) 排险

主要是堵漏、输转(利用工艺措施倒罐或排空)、点燃(当罐内气压减小,火焰自动熄灭,仍能造成危害时,要果断采取措施点燃)。

8) 灭火

视燃烧情况和燃烧物的化学性质,分别使用车载干粉炮、胶管干粉枪、推车或手提式干粉灭火器灭火,或者采用水流切封法、泡沫覆盖法、旁通注入法进行灭火。

9) 救护

对染毒者和呼吸、心跳停止者分别对症进行现场救护,严重者送医院观察治疗。

10) 洗消

对轻度中毒的人员、现场医务人员、消防和其他抢险人员及群众互救人员,使用相应的洗消药剂进行洗消。

11) 清理

用喷雾水、蒸气、惰性气体清扫现场内事故罐、管道、低洼、沟渠等处,确保不留残气(液);撤除警戒,做好移交,安全撤离。

12) 警示

严禁处置人员在泄漏区域内下水道等地下空间顶部、井口处滞留;严密监视液相流淌、气相扩散情况,防止灾情扩大;慎重发布灾情和相关新闻。

2. 液体类危险化学品爆炸燃烧事故的现场处置

此类现场处置与气体类危险化学品爆炸燃烧事故的现场处置程序基本相同,只是灭火方法首选为关阀断料法。

3. 固体类危险化学品爆炸燃烧事故的现场处置

此类现场处置与气体类危险化学品爆炸燃烧事故的现场处置程序基本相同,只是灭火方法首选为沙土覆盖法。

(三)燃气泄漏爆炸事故的现场处置

燃气泄漏爆炸事故发生后,现场人员应保持冷静,并采取以下应急措施:

(1)切断气源。应遵循"先断气,后灭火"的原则,立即关闭管道供气阀门,切断气源供应。另外,针对泄漏着火事故,严禁突然完全关闭气源阀门,保持管道微正压,防止回火引发二次爆炸。

(2)疏散人员。迅速疏散周围无关人员,设置警戒线,阻止无关人员靠近。

(3)电话报警。找到没有燃气泄漏的地方,拨打火警电话119、燃气公司抢修电话,有人员伤亡情况,要及时联系120救治伤员,同时通知单位安全人员启动抢救应急预案。

(4)尽量灭火和撤离周围易燃易爆物品。如油锅着火,现场人员必须迅速关掉天然气,并用灭火毯、灭火盖隔绝空气。如火势过大,用灭火器、湿棉被等扑打火焰根部灭火。在灭火同时,应撤离易燃易爆物品。一时无法撤离的易燃易爆物品,应采用喷水冷却隔离火焰。

(5)如事态严重,现场人员已无法控制火势且威胁到自身安全的情况下,应迅速撤离,并隔离事故区域,禁止无关人员靠近。

(6)现场处置人员要做好个人防护,检测现场可燃气体浓度,在确保现场安全的情况下方可进入。

(7)救援人员按事故应急预案正确采取措施,避免事故处置不当,导致事故扩大。

(8)应急救援结束后做好现场检查、人员清点工作,认真分析事故原因,制定防范措施,落实安全生产责任,防止类似事故发生。

(霍琰:郑州华润燃气股份有限公司安全管理部副经理、国家注册安全工程师、一级注册消防工程师;马媛媛:郑州华润燃气股份有限公司物资供应部助理经理、国家注册安全工程师、安全评价师。)

第十九章　中毒和窒息事故（张同国点评）

中毒窒息：中毒指人接触有毒物质，如误吃有毒食物或呼吸有毒气体引起的人体急性中毒事故；或在废弃的坑道、竖井、涵洞、地下管道等不通风的地方工作，因为氧气缺乏，有时会发生突然晕倒，甚至死亡的事故称为窒息。两种现象合为一体，称为中毒和窒息事故。不适用于病理变化导致的中毒和窒息的事故，也不适用于慢性中毒的职业病导致的死亡。

案例一　上海某冷藏实业有限公司"8·31"重大氨泄漏中毒事故

2013年8月31日10时50分左右，位于宝山城市工业园区内（丰翔路1258号）的上海某冷藏实业有限公司发生氨泄漏中毒事故，造成15人死亡、7人重伤、18人轻伤。

一、事故发生经过

2013年8月31日8时左右，某公司员工陆续进入加工车间作业。至10时40分，约24人在单冻机生产线区域作业，38人在水产加工整理车间作业。约10时45分，氨压缩机房操作工潘某旭在氨调节站进行热氨融霜作业。10时48分20秒起，单冻机生产线区域内的监控录像显示现场陆续发生约7次轻微振动，单次振动持续时间1~6秒不等。10时50分15秒，正在进行融霜作业的单冻机回气集管北端管帽脱落，导致氨泄漏。10时51分，苏某怀等5名工人先后从事发区域撤离；在单冻机生产线区域北侧的工人仲某芹，经包装区域翻窗撤离，打开事发区北门，协助救出3名伤者。同时，厂区其他工人也向事故区域喷水稀释开展救援。事故共造成 15 人死亡、7 人重伤、18 人轻伤,直接经济损失约 2 510 万元。

二、事故原因

(一)直接原因

上海某冷藏实业有限公司氨压缩机房操作工潘某旭等严重违规采用热氨融霜方式,导致发生液锤现象,压力瞬间升高,致使存有严重焊接缺陷的单冻机回气集管管帽脱落,造成氨泄漏。

(二)间接原因

(1)上海某冷藏实业有限公司存在的问题:一是违规设计、违规施工和违规生产。在主体建筑的南、西、北侧,建设违法构筑物,并将设备设施移至西侧构筑物内组织生产。二是主体建筑竣工验收后,擅自改变功能布局。三是水融霜设备缺失,无单冻机热氨融霜的操作规程,违规进行热氨融霜。四是氨调节站布局不合理。操作人员在热氨融霜控制阀门时,无法同时对融霜的关键计量设备进行监测。五是氨制冷设备及其管道附近设置加工车间组织生产。六是未按有关法规和国家标准对重大危险源进行辨识;未设置安全警示标识和配备必要的应急救援设备。七是公司管理人员及特种作业人员未取证上岗,未对员工进行有针对性的安全教育和培训。八是擅自安排临时用工,未对临时招用的工人进行安全三级教育,未告知作业场所存在的危险因素。

(2)上海宝山区政府及宝山城市工业园区、区质量技监局、区安全监管局、区规土局及区公安消防支队等政府监管部门履职不力。

三、整改措施

(1)上海某冷藏实业有限公司要切实落实企业安全生产主体责任,建立健全并严格执行各项规章制度和安全操作规程,健全安全生产责任体系,明确各岗位的安全生产职责,严格安全生产绩效考核和责任追究制度;加强教育培训,提高从业人员的安全意识和操作技能;严格特种作业人员管理,杜绝无证上岗;全面彻底排查和治理安全隐患;加强应急预案建设和应急演练,提高事故灾难的应对处置能力。

(2)本市各级政府及有关部门要强化涉氨单位的安全监督管理,落实部门职责,完善对涉氨行业的规范管理,强化对涉氨单位的安全生产过程监控,加强事故防范。针对各行业安全技术、准入条件、过程管控、隐患治理、人员培训、信息共享、应急救援等方面存在的问题,要细化相关规定,全面完善本市安全生产法规标准体系。

(3)本市各级政府及有关部门要把企业安全生产标准化建设作为实施安全生产分类指导、分级监管的重要依据和提升管控水平的重要抓手,结合实际,制定有力的政策措施。

案例二　湖南安乡某纸业有限责任公司 "8·28"较大中毒窒息事故

2015 年 8 月 28 日 10 时,安乡某纸业有限责任公司联合厂房废纸制浆车间地上 1# 浆池发生一起较大中毒窒息事故,造成 8 人死亡、1 人受伤,直接经济损失 399.3 万元。

一、事故发生经过

安乡某纸业有限责任公司于 2015 年 6 月 29 日停产休息。8 月 28 日,准备恢复生产,上午组织职工对生产设施进行检查、清理、清洗及维护。9 时多,制浆工刘某、机修人员熊某玉与废纸装卸工李某等多人发现了 1# 浆池内有停产维修时掉入的屋顶旧木板。10 时 40 分左右,邓某荣扶梯子,熊某玉沿池壁下行在清理池中旧木板的过程中晕倒跌入池内并失去行动能力,邓某荣见状呼救,并伸手拉救熊某玉时一并掉入池内。这时,站在浆池区下方的制浆工刘某急忙大声向四周呼救,车间内正在进行叉车装卸废纸的李某和在相邻两个车间作业的唐某化、陈某良、姚某武、朱某祥等人听到呼救后立即跑过来,爬上浆池准备施救,也相继倒入池中。机修工任某平以为事故源于电击,即快速跑去总开关处断电。这时,厂内其他人员均赶到现场,但因情况不明且伤亡已经过大而不敢施救。

10 时 58 分,安乡县消防大队接到报警后,立即出动 2 台消防车、11 名指战员赶赴现场救援,通过向浆池内打入高压氧,并向池中强制通风,锯开钢管网格等方法向被困人员实施抢救,经过 40 分钟的紧急救助,先后救出 9 人,并送至安乡县人民医院抢救。13 时左右,熊某玉、李某、唐某化、黄某英、邓某荣、朱某祥、姚某武 7 人先后经医院判定死亡。22 时,将叶某祥、陈某良送往常德市第一人民医院救治,31日 18 时 05 分,陈某良经医院判定死亡。事故共造成 8 人死亡、1 人受伤,直接经济损失 399.3 万元。

二、事故原因

(一) 直接原因

该企业员工熊某玉在不了解浆池内是否存在有毒有害气体的情况下,违章进入浆池进行清理作业,发生中毒窒息后,在场人员盲目施救,导致事故人员伤亡扩大。

(二) 间接原因

(1)企业安全生产主体责任未落实。安乡某纸业有限责任公司法人代表邓某丁违规将不具备安全生产条件的造纸厂出租给叶某祥生产,未与承包人叶某祥签订安全生产协议或在租赁合同中约定各自的安全生产管理职责,邓某丁也未对叶某祥承租的生产装置安全生产工作进行统一协调、管理和必要的安全检查。

(2)企业使用国家明令淘汰的生产设施设备,不具备安全生产条件。2014 年叶某祥承包安乡某纸业有限责任公司以来,先后对公司生产设备、废水处理设施进行了改建,但现使用的 3 台 1092 型造纸机属于国家发展和改革委《关于修改〈产业结构调整指导目录〉有关条款的决定》(发改委令 2013 年 23 号令)第十三条规定必须淘汰的设备。

(3)企业未对员工进行相应的安全培训教育,从业人员安全意识淡薄,缺乏基本的岗位安全常识和对事故的基本判断能力。在熊某玉中毒窒息后,未及时报警分析事故原因,多人在无安全防护措施情况下盲目施救。

(4)安乡县大鲸港镇人民政府对安乡某纸业有限责任公司的安全生产属地监管责任不落实。

(5)环保、工信、安监等部门对安乡某纸业有限责任公司的部门监管责任不落实。

三、防范措施

(1)安乡县委、县人民政府要认真按照省、市统一部署和工作要求,明确有关部门安全生产职责,进一步明确属地监管责任,防范企业安全生产工作脱管等问题的再次发生。

(2)安乡县委、县人民政府各相关部门要层层落实责任,严格依法监管,确保安全生产工作落到实处;要督促生产经营单位落实安全生产主体责任,特别是要强化员工安全培训,不定期组织应急演练,进一步提高从业人员的安全意识。

点评:中毒和窒息事故的主要原因、防范措施和应急处置

一、中毒和窒息事故的特点和危害

(1)人体过量或大量接触化学毒物,引发组织结构和功能损害、代谢障碍而发生疾病或死亡者,称为中毒。因外界氧气不足或其他气体过多,或者呼吸系统发生障碍而呼吸困难甚至呼吸停止,称为窒

息。

窒息性气体是指经吸入使人体产生缺氧而直接引起窒息作用的气体。主要致病环节是引起人体缺氧。依其作用机制可分为两大类：一是单纯窒息性气体。其本身毒性很低或属惰性气体,如氮气、氩气、甲烷、二氧化碳、乙烷、水蒸气等。二是化学窒息性气体。吸入能对血液或组织产生特殊的化学作用,使血液运送氧的能力或组织利用氧的能力发生障碍,引起组织缺氧或细胞内窒息的气体。

化学窒息性气体依据中毒机制的不同分为两类：一是血液窒息性气体,如一氧化碳等。这类气体可阻碍血红蛋白与氧的结合,影响血液氧的运输,从而导致人体缺氧,发生窒息。二是细胞窒息性气体,如硫化氢、氰化氢等。这类毒物主要是抑制细胞内的呼吸酶,从而阻碍细胞对氧的利用,使人体发生细胞内"窒息"。

(2)中毒窒息事故是工贸行业安全的"第一杀手",在一般事故和较大事故中所占比例高。

工贸行业中毒窒息事故主要发生在有限空间作业环节：发生中毒窒息的主要原因是有害气体的泄漏、管线串料、大量有害气体沉积挥发或因氮封等原因导致局部环境中的氧含量降低、有害气体增加。另外,在密闭、半密闭空间易发生中毒窒息事故,如船舱、储罐、反应塔、压力容器、浮筒、管道及槽车等。有限空间作业场所狭窄,进出通道小,照明效果差。通信不畅通,作业环境情况复杂,有可能存在或者产生有毒有害气体,氧气浓度下降等有害因素,这也是有限空间作业发生死亡事故最多的原因。

工贸行业有限空间作业作业事故主要呈现以下5个特点：一是工贸行业有限空间作业事故主要集中在冶金和轻工行业；二是导致事故发生的主要原因都是未落实作业审批制度,作业人员缺乏必要的安全技能,在未通风、未检测的情况下进入有限空间；三是事故伤害类型主要是中毒和窒息,导致事故发生的有毒有害气体主要是硫化氢、一氧化碳等;四是事故发生呈现季节性特点,每年的 3~10 月为事故易发期,春夏两季尤为突出;五是盲目施救造成的事故扩大现象尤为严重。

(3)工贸行业中毒窒息事故中最为严重的是硫化氢中毒事故。

近年来,国内多个行业不同场所屡屡发生硫化氢中毒事故。从含硫油气田、金属与非金属矿山、炼油化工企业、其他涉硫化工企业、冶金企业、造纸企业,以及食品、纺织、皮革鞣制、污水处理等行业及其他硫化氢危险场所(包括工业下水道、污水井、密闭容器,地下敞开式、半敞开式坑、槽、沟)都曾发生过事故。硫化氢中毒事故特点可大致归纳如下:

①发生硫化氢事故的范围广泛,从不同行业的工业企业到市政工程,再到废弃闲置有限空间均有可能发生,受害者不限于相关从业人员(经常是检维修作业时受聘的临时工、农民工、外包单位人员),也可能是防护意识不强的普通民众。

②事故往往发生在有限空间内进行检维修的非常规作业时,如坑、池、罐、釜、沟、井下、管道等存在,或可能存在硫化氢气体的密闭空间,或受限空间、通风不畅的作业场所内,对于化工企业,往往发生在试车阶段。

③事故险情发生后,常因施救不当或盲目施救,造成人员伤亡扩大或引发次生事故,最终导致伤亡人数大大多于最初涉险人数。

④事故原因往往是企业(单位)安全管理不到位、安全设施不完善、从业人员缺乏足够的培训教育、违章指挥、违反操作规程、违反劳动纪律及事故险情发生后施救不当等造成的。

⑤虽然国家和地方应急管理部门多次进行事故通报,提出相关工作要求并督促采取措施防止同类事故发生,但此类事故仍时有发生,已成为顽疾,是安全生产工作者挥之不去的心头之患。

(4)硫化氢危险特性。

硫化氢分子式 H_2S，为无色、有臭鸡蛋气味的有毒气体，比重比空气大，易积聚在通风不良的纸浆池、污水池、城市污水管道、矿山等低洼处，以及石油加工、化工制造和有色金属采选过程中，与空气混合能形成爆炸性混合物，爆炸极限 $4.3\% \sim 45.5\%$（体积比），遇明火、高温能引起燃烧爆炸。

硫化氢是强烈的神经毒物，对黏膜亦有明显的刺激作用，由接触湿润黏膜后分解形成的硫化钠以及本身的酸性所引起。硫化氢的中毒窒息效应是其作用于血红蛋白，产生硫化血红蛋白而引起化学窒息，侵入人体的主要途径是吸入。

二、中毒和窒息事故的主要原因

(一)非煤矿山企业引起中毒窒息事故的原因

（1）产业发展水平落后。多数小型非煤矿山属于简易投产，短期行为严重。这些矿山生产工艺较为落后，技术装备水平较差，专业技术人员匮乏，基础薄弱，没有配备安全、技术、通风、地质、测量等必要的专业技术人员，难以发现在生产中存在的重大安全隐患，并且矿山从业人员普遍文化水平低，尤其是大量的小型矿山，几乎都是私营个体经营，从业人员多数是农民，缺乏基本的安全技术知识，这是造成事故总量相对较大和较大以上事故多发的重要原因。

（2）违法生产现象严重。许多企业不能保证安全生产所需资金的投入；未按照《金属非金属矿山安全规程》（GB 16423—2006）要求，建立完善的机械通风系统，或虽有机械通风系统，但未按规定使用；主要负责人和安全管理人员未经正规培训取得安全生产管理资格证，特种作业人员未能全部持证上岗；未建立健全安全生产规章制度和安全操作规程。

（3）违章指挥、违章作业、违反劳动纪律。如放炮后通风时间不足就进入工作面作业。

（4）通风设计不合理，存在通风死角。通风管理不善，巷道堵塞或垮塌,通风设施破坏,废弃巷道和盲巷没有封闭,造成作业场所无新鲜风流,有毒有害气体积聚。没有设置局部通风或局部通风存在问题,没有足够的风量稀释有毒有害气体,通风时间过短等。

(5)由于警示标识不合理或没有标志,人员意外进入通风不畅、长期不通风的盲巷、采空区、硐室或擅自进入废弃巷道等。

(6)大量窒息性气体和有毒气体突然涌出到采掘工作面或其他人员作业场所,人员没有防护措施。

(7)意外的风流短路;人员意外进入炮烟污染区并长时间停留;意外的停风等。

(8)个人防护用品配备不到位或人员对防护用品的使用不熟练。

(9)对从业人员培训不到位。未按有关规定对从业人员进行三级安全教育就直接安排工人到井下施工作业,导致从业人员缺乏基本的安全常识、安全生产技能、应急处置能力。

(10)应急不当,事故扩大。许多中小企业没有制订应急预案或者虽然制订了应急预案但没有进行演练,也没有对职工进行应急培训,使得职工缺乏应急救援常识,不熟悉救护的基本方法,事故发生后,盲目施救,造成事故扩大。

(二)化工生产装置或设备检维修过程中发生中毒和窒息事故的原因分析

有限空间内可能残存有毒、窒息、易燃、易爆物质,在检修中易发生着火、爆炸、中毒和窒息事故。检维修过程是有限空间作业中毒和窒息事故多发时期。具体原因如下:

(1)不置换、分析,盲目进入。化工生产装置或设备,在装置停车检修时,系统中的各种物料和易燃、易爆、有毒物品按要求应全部退出系统,根据工艺制订的停车方案,对有毒、可燃、腐蚀性物质的设备、容器、管道进行彻底的吹扫、置换、隔离、通风,使其内部达到安全技术要求。但部分人员在管理上存在侥幸心理,认为生产装置已经停车倒空结束,不会有什么危害,盲目进行作业,最终导致事故的发生。

(2)检修设备隔离不力。盲板加堵的位置、路线不符合工艺和检修的要求,或者盲板的尺寸不符合管线的要求,简单地认为只要加堵了盲板即万事大吉了。

(3)无人监护,不采取任何措施,擅自进入。

(4)劳动保护用品穿戴不符合要求。

(三)硫化氢中毒窒息事故原因分析

(1)对含硫原油加工、天然气开采、化工精制脱硫工艺、污水管道清理、有机物发酵腐败场所、食品腌制等可能产生硫化氢等有毒有害气体的场所缺乏安全管理,未设置警示标志和危害告知,致使人员擅自涉险进入危险区域。

(2)在可能有硫化氢泄漏的工作场所未设置固定式气体浓度检测报警仪,对进入危险作业场所的人员未配备便携式检测报警仪。

(3)作业前没有采取强制通风换气措施,只靠自然通风,未检测分析有毒有害气体成分、浓度,未经检测分析合格进行作业。

(4)作业人员没有佩戴适用的防护用具,如空气呼吸器或软管面具等隔离式呼吸保护器具。

(5)施救人员缺乏应急救援知识和装备,冒险施救、盲目施救、施救不当造成人员伤亡扩大。

(6)进行检维修时,往往存在以包代管、层层转包的现象,发包企业常疏于对承包商的安全管理,承包商对从事有限空间内作业人员的安全教育和应急培训缺失。

三、中毒和窒息事故的防范措施

(一)工贸行业防范中毒和窒息事故的主要措施

(1)要摸清本企业有限空间情况,建立管理台账,建立健全有限空间作业安全管理规章制度和操作规程,对有限空间作业严格实行作业审批制度。将有限空间作业发包给其他单位实施的,要建立有限空间作业发包管理制度,严格审查承包单位的安全生产条件,要进行安全交底,与承包单位签订专门的安全生产管理协议,并对作业安全负主体责任。

(2)高度重视职工的基本安全知识和基本安全技能的培训,强化并采取针对性的培训,提高工作人员对作业现场的危险点分析和预控能力,完善作业现场员工必须具备的"四懂三会"管理工作,确保适应现场各项实际操作和作业的需要。要对本企业所有从事有毒作业、有窒息危险作业人员进行安全培训,其内容应包括所从事作业的安全知识、有毒有害气体的危害性、紧急情况下的处理和救护方法等。坚决杜绝各类违章作业行为,严格规范化操作。

(3)进入受限空间作业前,企业应对作业环境危害状况进行识别与评估,对作业环境的氧含量、可燃气体含量、有毒气体含量进行分析,制定并落实消除、控制危害的措施,如隔离、清洗置换、检测、通风、个体防护等安全措施,确保整个作业期间处于安全受控状态。

(4)在有毒场所作业时,必须佩戴防护用具,必须有人监护。进入高风险区域巡检、排凝、仪表调校、采样、清罐等作业时,作业人员应佩戴符合要求的防护用品,携带便携式报警仪,二人同行,一人作业、一人监护。

(5)进入缺氧或有毒气体设备内作业时,应切实做好工艺处理工作,将受限空间吹扫、蒸煮、置换合格;对所有与其相连且可能存在可燃可爆、有毒有害物料的管线、阀门加盲板隔离,不得以关闭阀门代替安装盲板。盲板处应挂标识牌。

(6)要充分认识到氮气等单纯窒息性气体的危害。氮气是一种"隐形杀手",可以在无任何征兆的情况下致人于死地,所以一定要高度重视氮气的危害。

(7)企业应制订可靠有效的有限空间事故应急预案,每年至少开展一次应急演练,提高应急处置能力。在有毒或有窒息危险的岗位,要制订应急救援预案,配备相应的防护器具。

(8)对有毒有害场所的有毒介质浓度,要定期检测,确保符合国家标准。进入受限空间作业时,为保证空气流通和人员呼吸需要,可采用自然通风,必要时采取强制通风,严禁向内充氧气。进入受限空间内的作业人员每次工作时间不宜过长,应轮换作业或休息。

(9)对各类有毒物品和防毒器具必须有专人管理,并定期检查;涉及和检测毒害物质的设备、仪器要定期检查,保持完好。

(10)健全有毒有害物质管理制度,并严格执行。浓度超过国家职业接触限值或曾发生中毒的作业场所,应作为重点隐患点进行整改或监控。

(11)各单位在安排工作时要谨慎,要充分了解每个职工,及时掌握职工的思想动态、工作情绪,杜绝不适合本岗位的人上岗作业。

(二)预防硫化氢中毒窒息事故对策措施

(1)认真学习贯彻执行应急管理部组织编制的《有限空间作业安全指导手册》(应急厅函〔2020〕299 号),切实提高有限空间作业人员安全防范意识和安全技能。

(2)对产生和容易积存硫化氢的装置、设备、设施和重点部位等进行普查,对作业前的中毒和窒息风险进行辨识。要特别留意和警惕本单位是否存在硫化氢中毒易发生的 29 个行业与 96 个职业岗位,如石油和天然气开采业(钻井、采油、转油、气体净化),有色金属采选业(选矿药剂制取),造纸及纸制品业(化学制浆、黑液蒸发、黑液燃烧、清浆、玻璃纸制取),石油加工业(稳定脱硫、脱硫醇、预加氢精制、重整加氢精制、延迟焦化、烷基化加成、烷基化分储、制氢脱硫、汽油加氢精制、汽油精制分离、加氢处理、液态烃脱硫、瓦斯脱硫、胺液闪蒸、酸性气燃烧、硫黄捕集转化、石蜡加氢精制、煤气脱硫脱氰),化学肥料制造业(煤焦气化、油气转化、合成氨净化),化学农药制造业(乐果硫化、马拉硫磷合成、甲拌磷硫化、对硫磷酯化),有机化工原料制造业(烃类原料裂解、裂解气急冷、裂解气净化、芳烃抽提、煤油加氢、烷基苯脱蜡脱氢、有机酸合成、其他有机原料合成),涂料及颜料制造业(含钴颜料氧化、锌钡白制取、钛液制备),医药工业(合成药加成),化学纤维工业(粘纤纺丝、塑化、切断、精炼),污水处理业(污水处理、城建环卫、窨井作业),腌制业(腌糟/坑清理),酒业(酒糟清理)等。

(3)针对硫化氢的防治进行安全培训,普及防范知识。培训内容包括硫化氢等常见有毒有害气体的识别方法、可能存在的场所、危险特性、防范措施和应急措施等,提高从业人员和民众防范硫化氢等中毒事故的安全意识和防范中毒事故急救、自救、互救能力。

(4)完善作业场所的安全管理制度,规范作业程序。进入密闭空间作业实行安全作业许可制。凡进入坑、池、罐和井下、管道等场所作业的,制订施工方案、进入许可制度、作业规程和相应的安全措施,明确"作业负责人""作业人员"和"监护人员"的职责。作业人员进入危险场所前,必须对危险场所空气进行采样分析,确定含氧量、有毒有害气体种类及其浓度,落实中毒事故预防和应急处置措施。

(5)遇险时科学施救、安全施救,化解事故险情避免伤亡扩大。当发生硫化氢等有毒气体中毒时,要沉着应对,冷静处理,及时报警,寻求专业救护;救援者应佩带专业防护面具实施救援,禁止不具备条件的盲目施救,避免伤亡扩大。

(6)配备足够的安全设施,完善硬件条件。在可能产生硫化氢等有毒气体的场所必须悬挂防中毒警示标志,安装硫化氢等有毒气体检测报警仪,配备可对有害气体浓度、氧含量等进行检测的仪器,为作业人员配备便携式报警仪、氧气呼吸器或长管呼吸器,配备救护带、救护索等防护设施。

(7)制订应急预案,明确紧急情况下作业人员的逃生、自救、互救方法。现场作业人员、管理人员等应熟知预案内容和救护设施使用方法,加强应急预案的演练,使作业人员提高自救、互救及应急处置的能力,并及时进行修订完善。

(8)严格作业准入,加强外包管理。对有可能产生硫化氢等有毒气体的场所,生产经营单位不得将进入这些场所的作业项目发包给不具备有关条件的单位和个人。在签订项目合同时,应签订安全生产协议,告知承包方作业场所的危险因素,并要求承包方制订安全施工方案。

四、中毒和窒息事故的现场应急处置

(一)事故初步判定的要点与报警时的必要信息

目击者发现中毒和窒息事故发生,要第一时间进行高声呼救,并在安全状态下进行救援,同时拨打应急电话,向本单位应急指挥小组报告事故的相关信息(事故发生地点、被困人数、被困情况、现场救援人员人数等)。如有人员伤亡应直接拨打120急救电话。

(二)应急处置相关程序

1.事故报警

本单位应急指挥小组接到报告后,应当立即报告本单位主要负责人,并立即赶到事故现场,对警情做出判断,必要时立即启动中毒和窒息事故现场处置方案。

2.应急救护人员引导程序

现场应急指挥小组成员赶到事故现场后,立即对事故现场进行侦查、分析、评估,制订救援方案,各应急人员按照方案有序开展人员救助、工程抢险等有关应急救援工作。

3.扩大应急程序

如果事故已超出现场处置能力,经应急救援指挥部同意,要立即向当地县级以上人民政府应急管理部门和消防救援机构报告,请求援助和指导。

(三) 应急处置措施

(1) 所有进入现场处置的人员必须经过应急救援培训和安全知识培训,具备相关技能。严禁盲目施救导致事故扩大。

(2) 打开所有门窗和机械通风装置进行现场通风,确保作业场所内空气畅通。

(3) 迅速关断泄漏点上、下游的阀门,切断泄漏的气源,停止系统供气。

(4) 帮助受到中毒、窒息事故伤害的人员立即离开事故现场,转移至通风处,伤势严重者立即移交给 120 救护人员进行救治,或者直接送往医院。

(5) 当呼吸停止时,施行人工呼吸。心脏停止跳动时,施行胸外按压,促使自动恢复呼吸。

(四) 注意事项

1. 有毒、易燃气体泄漏事故抢救现场的注意事项

(1) 有毒、易燃气体泄漏现场绝对禁止明火作业和使用无防爆装置的电器、插座、照明等,并禁止使用手机。

(2) 事故抢险人员一定要沉着冷静,不要张惶失措,以免乱开和错关机器设备上的阀门,导致事故进一步扩大。

(3) 抢险人员进入泄漏污染区时,必须佩戴自给正压式空气呼吸器、橡胶手套和穿戴防化服。

(4) 事故抢险现场禁止吸烟、进食和饮水。

(5) 注意保持现场通风良好,走道通畅。

(6) 事故抢救完毕,抢险人员要淋浴更衣,防止事后中毒。

2. 佩戴个人防护用品中的注意事项

(1) 使用防毒面具处理事故时,不能长时间使用,选用的防毒面具必须经过定期检测,严格执行《用人单位劳动防护用品管理规范》。

(2) 进入易燃易爆气体的场合,必须穿防静电服,使用不产生静电的工器具。

3. 自救

在可能或确已发生有毒气体泄漏的作业场所,当突然出现头晕、头疼、恶心、无力等症状时,必须想到有发生中毒的可能性,此刻应憋住气,迅速逆风跑出危险区。如遇风向与火源、毒源方向相同,应往侧面方向跑。如果是在无围栏的高处,以最快的速度抓住东西或趴倒在上风侧,尽量避免坠落。如有可能,尽快启用报警设施。同时,迅速将身边能利用的衣服、毛巾、口罩等用水浸湿后,捂住口鼻脱离现场,以免吸入有毒气体。

4. 互救

救援人员首先摸清被救者所处的环境,要选择合适的防毒面具,在做好防护的前提下将中毒者救出至空气新鲜处。救援人员应从上风、上坡处接近现场,严禁盲目进入。

(张同国:中国石化集团中原油田安全环保部经理、高级工程师。)

第二十章 其他伤害事故(李传武点评)

其他伤害:凡不属于上述伤害的事故均称为其他伤害,如扭伤、跌伤、冻伤、野兽咬伤、钉子扎伤等。

案例一 甘肃省定西市某工贸有限公司 "6·15"电梯剪切其他伤害事故

2017 年 6 月 15 日 16 时 40 分左右,定西市某工贸有限公司在安定区阳光馨苑 B 区二号楼三单元东侧电梯进行维修作业时发生一起电梯剪切其他伤害事故,造成 1 人死亡,直接经济损失 71.69 万元。

一、事故发生经过

2017 年 6 月 15 日 14 时 20 分,定西某工贸有限公司驻阳光馨苑 B 区维保组组长罗某锋接到定西某物业服务有限公司阳光馨苑 B 区二号楼三单元东侧电梯一层人员被困,要求解救的电话后,立即带领组员何某赶到困人电梯,用三角钥匙打开电梯一楼层门,后用手打开轿厢门将人安全救出。

将人救出后,罗某锋和何某乘坐另外一部电梯到了位于楼顶的电梯机房读取故障代码,分析电梯故障为轿厢底部安全钳有问题,随后返回一楼,由罗某锋去阳光馨苑 B 区维保站取维修工具和配件,何某在 1 楼电梯门口等候。罗某锋取回维修工具和配件后,安排何某到电梯底坑查看轿厢底部安全钳,罗某锋去轿厢顶部调整电梯位置。何某进入底坑后检查发现:电梯安全钳楔块拉杆变形弯曲,于是何某卸下导靴支架,换上新的安全钳楔块拉杆后,发现导靴支架两个压片缺失。罗某锋和何某商量后,二人到帝豪广场工地在导靴及其支架上焊接了两个导靴衬压片。

16 时 27 分许,二人返回阳光馨苑 B 区继续维修二号楼三单元东侧故障电梯。何某依旧进入电梯底坑进行导靴的安装及调试工作,罗某锋进入电梯轿顶配合维修。何某成功完成导靴的安装及调试工作后,向罗某锋喊了声:"好了",随后发现轿厢开始上升,大约 5 秒突然听到罗某锋紧急呼叫"何某,赶紧,赶紧……",何某慌忙中多次按下底坑紧急停止开关,再次呼喊罗某锋时,罗某锋已无应答,期间电梯停止运行。何某扒开一楼层门,迅速跑至二楼查看,发现二楼电梯层门被打开,罗某锋上半截身子被卡在轿厢门头和二楼门楣中间。

事故发生后,何某立即向定西某工贸有限公司总经理王某军及120 紧急求救。同时,何某乘坐另一部电梯赶到机房。在控制柜把开关打到紧急电动运行位置,准备向下开动电梯,开了两次都未成功。就准备在接线盘上短接安全回路,这时发现接线盘上已经连着一根封线,何某将封线取下后继续短接安全回路准备开动电梯,但均未成功。16 时 44 分,定西某工贸有限公司总经理王某军和公司安全管理负责人李某强到达阳光馨苑 B 区二号楼三单元事故现场,尝试通过拆除轿顶导靴增加轿厢门头和二楼门楣间隙救人,但因扩大间隙较小未能成功施救,于是拨打了 119 报警电话。

16 时 55 分,消防人员赶到现场,用液压扩张钳扩张了轿厢与二楼层门之间的间隙,于 17 时 12 分救出罗某锋,120 医务人员现场急救后确认罗某锋已无生命体征。

本次事故共造成 1 人死亡,直接经济损失 71.69 万元。

二、事故发生的原因和事故性质

(一) 直接原因

罗某锋在电梯轿厢顶部进行维修作业时,违反《电梯使用管理与维护保养规则》(TSGT 5001—2009)和相关安全技术规范,在电梯层门安全回路等回路短接的情况下,违规将事故电梯从检修运行状态切换至正常运行状态,在电梯自动平层过程中,违规打开层门跳离轿顶时绊倒卡在电梯轿厢门头和二楼门楣中间,是导致本次事故发生的直接原因。

(二)间接原因

(1)定西某工贸有限公司安全生产主体责任落实不到位、未对从事危险性较大的电梯维保作业人员作业前进行专项安全技术培训。电梯维修人员安全意识淡薄,在维保作业中违章冒险作业,是造成事故发生的主要原因。

(2)定西某工贸有限公司在电梯维修工作中对承担的电梯维修工程安全管理不到位,由电梯使用单位与维修人员直接联系并自行开展维修活动,致使维修活动脱离公司安全管理,对作业人员违规违章行为无法及时发现并制止,是造成事故发生的重要原因。

(3)定西某工贸有限公司主要负责人、安全管理人员对公司各项安全管理制度落实不力,对维保作业人员违章冒险作业、不正确佩戴劳动防护用品、现场无人员监护等问题失察,是造成事故发生的又一重要原因。

(4)定西某物业服务有限公司未按照《电梯使用管理与维护保养规则》的要求对维修工作进行有效监督,未及时发现定西某工贸有限公司维保作业过程中存在的违法违规问题,是造成事故发生的又一原因。

(5)质量技术监督部门对电梯维保单位监管存在薄弱环节,对电梯维保单位安全生产主体责任不落实等问题监督检查、督促不力。

(三)事故性质

经调查认定,这是一起由于电梯维保单位安全管理不到位、人员培训不到位、维保人员违章冒险作业,安全防范措施不落实而造成的生产安全责任事故。

三、事故防范和整改措施建议

(1)定西某工贸有限公司要认真吸取这次事故的惨痛教训,严格落实安全生产主体责任,加强对所有安全管理人员、特种设备作业人员进行培训考核,合格后方能上岗作业,保证从业人员具备必要的安全生产知识和操作技能,杜绝"三违"行为,坚决防范和有效遏制各类事故发生。

(2)定西某物业服务有限公司要强化内部管理,确保日常安全管理工作落实到位。一是要严格按照法律法规的要求做好电梯维修和维保的现场监督配合工作。二是要强化内部管理,建立健全并严格落实安全生产责任制、巡回检查制等制度。三是要按照国家规定配备相应的安全管理人员及作业人员,并进行安全教育和技能培训,切实提高执业能力。

(3)定西市、区两级质量技术监督部门要落实监管责任,督促电梯维修单位落实安全生产主体责任,强化管理、加强教育培训,严防类似事故的再次发生。

点评:其他伤害事故的主要原因和防范措施

一、其他伤害事故的特点

其他伤害事故包含的内容十分宽泛,可谓五花八门,千姿百态,很多都是国标关于事故分类的定义中未列举到的事故。如:2017年发生的造成1人死亡的甘肃省定西市某工贸有限公司"6·15"电梯剪切事故,就是定义中未列举到的事故。石油天然气开采行业重点防控的井喷事故,也是定义中未列举到的事故。其中,石油天然气中的硫化氢含量较高的一部分井喷事故有可能演变为中毒窒息事故,另一部分井喷事故有可能演变为火灾事故,还有一部分纯井喷事故应当归类为其他伤害事故。还有一些"想不到"的事故,如:2015年发生的造成73人死亡的广东深圳光明新区渣土受纳场"12·20"特别重大滑坡事故,应当归类为其他伤害事故。再如:野外作业中的毒蛇咬伤事故,虽然国标关于事故分类的定义中只列举了野兽咬伤,未列举毒蛇咬伤,但实际上毒蛇咬伤与野兽咬伤的性质是一样的,也应当归类为其他伤害事故。

拥挤踩踏事故一般发生于学校、车站、机场、广场、球场等人员聚集的地方,发生的时间常见于节日、大型活动、聚会等。如:2014年12月31日上海外滩陈毅广场发生的造成36人死亡的特别重大拥挤踩踏事故。由于拥挤踩踏事故一般不属于企业职工伤亡事故,所以本书不予探讨。

为突出重点,本书仅讨论预防工作场所滑倒、绊倒、跌落和预防工作场所冻伤这两种其他伤害事故。

二、其他伤害事故的危害

(1)滑倒及绊倒意外。不要以为滑倒及绊倒的意外并不严重。实际上,滑倒及绊倒除会导致撞伤、扭伤外,也会导致严重的意外事故,例如:

①撞到硬物而导致严重受伤。

②撞向尖的或锋利的物料。

③撞向开动中的机器的危险部分。

④跌向灼热的机器或火焰中。

⑤跌向腐蚀性的物质。

⑥在高空作业导致人体下坠。

⑦跌向河中或水中导致遇溺。

(2)根据美国劳工部的数据,滑倒、绊倒和跌倒占一般工伤事故的大部分。在每财年的上报索赔记录中,25%与滑倒、绊倒和跌倒有关。在所有导致残疾的工伤中,超过17%是由跌倒造成的。

人员滑倒轻者可能导致皮外伤、扭伤,严重时可能导致骨折、骨裂事故。该事故发生没有明显的季节特征。

(3)据统计,全球每年都有数百万人从楼梯上跌落过。

单在英国，每年从楼梯上跌落而死亡的人就有 1 000 之多。

①从楼梯上跌落最普遍的是臀部受伤。

②下楼梯比上楼梯跌落时要严重得多，

③有三分之一的跌落会导致头部受到伤害，

④在楼梯上跌落的人有五分之一需要住院。

三、其他伤害事故的主要原因

(一) 滑倒、绊倒及跌落事故的起因

1.滑倒事故的起因

滑倒通常是由于鞋底与地面缺乏有效的接触(摩擦力)而发生。当鞋底刚与地面接触的一刻及刚离开地面的一刻或需要转方向时，如果鞋底与地面的摩擦力不够便容易导致滑倒意外。

(1)当人的脚和行走的表面之间的摩擦力太小时，滑倒就会发生。冰、油、水、清洗液是显而易见的原因。

(2)由于设备故障、瓶子砂眼、瓶子容积不准等问题，生产过程中会发生漏油的异常情况，油罐区由于阀门松动或损坏也会导致漏油。漏油流至地面较难彻底清理，导致地面打滑，作业人员走过时不加留意，会发生滑倒摔伤事故。

(3)未按规定对设备进行常规检查，及时排除漏油隐患。

(4)清洁人员未及时清理地面油污。

(5)员工自我保护意识不强，走路时不小心。

2.滑倒危害的来源

(1)液体和固体的溅溢。

(2)抹后未干的地面。

(3)从湿的地面进入干的地面。

(4)微弱的光线。

(5)有雨雪、冰雪的地面。

(6)地面高低、光滑转变。

(7)存有粉尘或沙粒的地面。

(8)斜面。

(9)松的地毯。

(10)门槛、门挡。

(11)电力装置或电线座盒。

(12)无序、凌乱。

(13)视野不良。

(14)注意力不集中。

(15)奔跑。

(16)洒溢。

(17)杂乱。

(18)打开的抽屉。

(19)不平的地板。

(20)栏杆扶手不合适。

(21)错误地使用梯子。

(22)不合适的鞋子。

(23)缺乏对工作安全的认识。

(24)不遵守工作安全规程。

3.绊倒、跌倒

当脚部(或小腿)碰到一个物体,而上身继续移动时,人会失去平衡。当突然踏空(失足)并失去平衡时,比如在道牙、楼梯上踏空就会跌倒。

绊倒是指因步行移动途中,没有察觉到有低矮的障碍物,令身体失去平衡。地面障碍物的存在可能来自多方面的,例如长期放置在现场或暂时存放或员工完成工作后遗留。

4.绊倒危害的来源

(1)损坏的凹陷的地面。

（2）地面高度的改变。

（3）门槛和门挡。

（4）电力装置及电线。

（5）临时存放的货物、杂物。

（6）敞开的抽屉或柜门。

（7）完成工作后忘记取走的工具及杂物。

5. 跌落

从高处或从相同层面处会发生跌落。滑倒经常导致跌落，不正确地使用梯子和脚手架也可以导致跌落。

（二）冻伤事故的起因

由于一些生产过程，如空分生产过程和涉氨制冷过程等是在低温下进行的，因设备故障或管道、容器损坏，可能导致低温的液氧、液氮泄漏，作业人员因防护不当会直接或间接地接触到这些介质，易造成冻伤或接触烧灼。

四、其他伤害事故的防范措施

（一）避免工作场所滑倒、绊倒及跌落发生的举措

1. 设计

防止滑倒及绊倒的最有效方法是从设计工作场所设施着手。必须根据工作场所性质、环境及其他因素作为工作场所设计的资料。以下是一般的设计规定。

（1）梯级设计。同一楼梯均有一致的高度和深度；楼梯水平角度在 15°～55°；总梯级高度超过 600 毫米的楼梯，须安装扶手。

梯级的高度（竖板）与深度（级面）比例应合理，梯级介于 150～175 毫米，深度介于 225～320 毫米。低于 75 毫米的梯级容易引致绊倒。每 16 级梯级应加设楼梯平台。

（2）照明。确保室内及室外的梯级通道有足够的照明。

（3）排水系统。提供良好的排水系统，将水、液体等排走；在时常使用或有水、液体产生的地方设置排水系统;在有大量水或液体产生的地方加上栏栅,若栏栅上有人经过,栏栅面应防滑。

2. 现场整理

(1)物料存放。提供足够的储存空间,避免物料随处乱放。规定使用完的工具等必须放回原处。

(2)工序的改变。改变工序,减少过程中产生大量垃圾。更换容易产生噪声、粉尘、烟雾、油烟的机械。

(3)向员工提供合适的培训。认识现场整理的重点;检查现场物品,将需要保存的物品放好,不需要的物品弃置;指示员工如未能及时清除溅泻物品必须通知上级、将现场隔离并安放警告牌。

(4)将废弃物分类存放,分类处理,减少垃圾。安排足够人手进行工作场所整理。向员工提供合适的培训,认识工作场所的整理标准,包括存放标准、清洁标准等。

(5)经常对工作场所进行检查,确保没有滑倒、绊倒危害。在容易产生废弃物的地点设置足够的垃圾筒或废物箱。尽可能在垃圾筒内套上防漏垃圾胶袋,以免有废水滴漏。如有较尖的垃圾夹杂其中,宜用较坚韧、防刺穿的厚料胶袋。分配员工负责清扫范围,订立清扫的时间表,鼓励员工每天利用收工前15分钟进行清扫。

3. 消除导致滑倒的来源

(1)由机械流出的液体或物质使用盛器;检查机械漏油的地方,使用吸油纸或粉末去油渍。调校机械;安装抽气系统将粉尘及气体抽走。

(2)积水。在入口处设置吸水毯并放置雨伞设备;放置抹地等设备,方便清理地上积水。

(3)意外倒泻。及时处理水渍和油渍,确保清洁后地面干爽;在容易导致倒泻的地方加设警告牌。

4. 消除导致绊倒的来源

(1)在存放区划上颜色线,限制货物的摆放。

（2）提供足够的储存空间及储存架，避免杂物随处放置。

（3）提供足够的电插座、电脑插座，避免使用拖板或电线放置在地上。

（4）移除或隐藏凸出地面的任何插座盒。例如，在百货零售业中，把通道上展销的货品稳固地堆垒至 600 毫米以上，并避免出现单个高耸的货堆。

（5）在通道上低矮而孤立的长凳旁，放置一些显眼的植物，使路人容易察觉；在转弯处放置显眼的植物。

（6）将临时电线挂起；经常清扫工作场所，清理垃圾及杂物；标示地面不平之处，加上黄黑相间的警觉条纹，展示警告标志。

（7）加强地面的防滑功能，必须加强地面的粗糙程度，可以考虑以下方法：地面打花、加上化学腐蚀表面、扫上含有钢砂的树脂涂层、铺设地垫、贴上防滑贴。

5. 安全教育

达到良好工作场所目标是每位员工的责任，因此为员工提供必要的安全教育，可以令员工辨识可能导致滑倒及绊倒的潜在危害及控制方法，从而减少意外发生。要求全体员工必须做到下列各项：

（1）环境整洁。

（2）跨越障碍，清理障碍。

（3）慢点行走。

（4）注意观察地板的变化。

（5）确保灯光足够亮。

（6）不要随意将物品放置在地板上。

（7）不要阻碍人行道。

（8）不要在楼梯上放置任何东西。

（9）离开时别忘记关闭抽屉。

（10）避免洒溢。

（11）提示警告。

（12）使用防滑垫。

（13）请用扶手：

①每次上下楼梯的时候要养成使用扶手的好习惯。

②考虑两边都设扶手。

③避免在上下楼梯时奔跑。

④楼梯的地毯做成比较牢固的。

⑤女孩子穿高跟鞋,要注意安全。

（14）实际操作：

①滑倒。如果户外潮湿而垫子翻卷,那么垫子就无法起到吸水的作用,地面也会随之变得潮湿。

②绊倒。因为垫子翻卷,有人可能将脚刮到垫子并因此绊倒。

③跌倒。潮湿的地面和脚刮到垫子的情况都可能导致跌倒的发生。

（15）清理、复位、放置提示牌：

①电线横在通道的中间,且插头插在插座中,可能导致绊倒。

②联系设施管理部门重新布线,使这台设备紧靠插座或者安装额外的插座。

③如果无法重新布线或无法安装新的插座,那么在墙上走明线。

④最后的方案是可以用胶带粘住电线或使用护线盖,防止滑倒、绊倒和跌倒的发生。

6. 个体防护

使用个人防护应视为保护员工的最后防线。防止滑倒,可选用合适的防滑鞋。

(二) 冻伤预防措施

（1）进行低温设备操作时,作业人员应穿戴好防护用品(帽子、护目镜、防冻鞋、防冻手套、工作服)。防护用品应干燥,不要使肢体和皮肤裸露,防止液体飞溅时落到皮肤上。

(2)进行低温设备检修作业时,要先将设备加热至常温。对未加热的设备进行检修作业时,作业人员应采取必要的防冻措施,防止发生冻伤事故。

(3)低温容器设备或管道要有良好的保温防护措施,不得裸露。

(4)加强工艺操作,避免因误操作导致设备损坏和管道阀门中液氧、液氮泄漏。

(5)控制室操作人员要加强对压力、流量等参数的监控,以便及时发现泄漏情况并进行有效控制。

五、其他伤害事故的现场应急处置

(一)滑倒摔伤事故的现场处置方案

1. 应急处置程序

(1)事故第一发现人立即以大声呼叫方式向现场人员报警,并马上向本单位负责人报告事故发生地点、种类、事故危害程度等。

(2)本单位负责人或安全生产管理机构应急值班人员接报后应当迅速赶赴现场,组织协调处理事故,并宣布启动事故现场处置方案,按事故现场处置方案及相关程序、方法组织事故应急救援。

(3)当本单位无法有效处置事故时,由单位负责人立即上报当地县级以上人民政府应急管理部门和消防救援机构请求指导和支援。

2. 应急处置措施

(1)皮外伤处置。清洁、消毒伤口,并对伤口进行包扎后送公司医务室做进一步的包扎和检查。

(2)骨折。立即通知医务室专业人员赴现场做专业的抢救,并及时送医院治疗。

3. 注意事项

(1)进入现场抢救时,注意做好个人防护,佩戴防护手套、安全帽等,在进行伤员救治时宜用一次性消毒医用防护用品。

（2）如伤员出现骨折,应尽量保持受伤时的体位,由医务人员对伤员进行固定,并在其指导下采用正确的方式进行搬运,防止因救助方法不当而导致伤情进一步加重。

（3）在自救或互救时,必须保持统一的指挥,严禁冒险蛮干,避免造成次生事故。

（4）应急救援结束后做好现场检查,认真分析事故原因,制定防范措施,落实安全生产责任制,防止类似事故发生。

（二）冻伤救护措施

（1）将阻碍冻伤部位血液循环的衣服脱掉,将患者送医院救治。

（2）立刻将受低温影响的部位放入温度为 40~46 ℃的水浴中,切忌加热,因水温超过 46 ℃时会加重冻伤组织的烧灼。

（3）如患者受到大面积过冷物质的影响导致全身体温下降,则必须将患者全身浸于浴池中使其回暖,此过程应防止休克的发生。

（4）冻伤的组织是无痛的,局部苍白似淡黄蜡样,解冻时感觉疼痛、肿胀并极易感染。因此,解冻时要用镇痛药,并在医生的指导下进行。

（5）如冻伤部位在医生的处理下已解冻,可不必进行水浴,应将受冻部位用消毒衣盖住,以防感染。

（李传武:中国石化集团中原石油工程公司安全总监兼安全环保处处长、高级工程师。）

参考文献

［1］国家安全生产监督管理总局宣传教育中心.生产经营单位主要负责人和安全管理人员安全培训通用教材(再培训)［M］.北京:团结出版社,2018.

［2］中国安全生产科学研究院.安全生产法律法规［M］.北京:应急管理出版社,2020.

［3］河南省安全生产宣传教育考试中心.安全生产管理必读［M］.郑州:河南人民出版社,2018.

［4］孙兆贤,王福梗,程政.乡村安全员必读［M］.徐州:中国矿业大学出版社,2006.

［5］李光耀.安全生产工作探索与思考——濮阳市安全生产 10 年(2001—2011)［M］.郑州:河南人民出版社,2018.

［6］侯晓明.石化企业事故案例分析［M］.北京:中国石化出版社,2014.

［7］田庄.建筑施工安全事故警示录［M］.济南:山东大学出版社,2009.

后 记

"授人以安,积德行善"。这是我们长期从事劳动安全卫生监察、安全生产监督管理工作的座右铭。主编中,孙兆贤,从事劳动安全卫生监察、安全生产监督管理工作已经30多年,先后任郑州市劳动(人事)局、河南省劳动厅安全管理局、河南省经贸委安全生产局工程师,河南省安全监管局政策法规处副处长、事故调查处处长、总工程师、副巡视员和河南省应急管理厅党委委员(党组成员)、副厅长、一级巡视员。朱维亚,从2008年至今一直从事事故调查处理工作,先后任河南省安全监管局事故调查处主任科员、副处长、正处级监察员和河南省应急管理厅调查评估与统计处处长。孙煌,郑州大学历史学院博士研究生,对中国古代安全思想探源、安全生产工作和事故调查处理法律法规有深入研究。特别是李光耀,1999年3月从某国有工业企业党委书记、常务副厂长的岗位上调任濮阳市经贸委副主任,负责濮阳市工业经济运行和工矿商贸行业安全生产工作。2000年在河南省安全生产管理干部培训班上,与当时授课的孙兆贤结识,尊为良师益友,20多年来,每逢遇到难题请教时,孙兆贤都会出手相助,答疑解惑。李光耀由衷热爱安全生产工作,深知这项工作虽然有风险、有责任,又苦又累,甚至"出力不讨好",但确是一项积德行善的工作,是一项挽救人的生命的伟大事业。他在濮阳市经贸委和濮阳市安全监管局负责安全生产工作10年时间,正处在我国事故高发期向平稳期的过渡阶段。其间,李光耀赶赴过不少鲜血淋淋的事故现场,多次目睹人的血肉之躯在死神面前的脆弱与渺小,亲耳闻听过事故死伤者亲人那撕心裂肺般的哭喊声,自己的灵魂深处一次次受到强烈的震憾!他曾多次对同事们讲过:我们要带着感情、带着人性、带着良心去抓安全生产,只有把事故死伤者当作自己的父亲母亲、兄弟姐妹,你才会对导致事故发生的各种违法违规行为深恶痛绝、下得了狠手!为了建设一支懂法规、会管理的执法队伍,2004~2011年,他动员并带动同事陈晓华、王鹏选、李远峰、成永飞、宋书杰、郭华伟等21名干部认真研读《安全生产法律法规》《安全生产管理》《安全生产技术基础》《安全生产专业实务》等教材,先后取得了中华人民共和国注册安全工程师执业资格证书,占濮阳市安全监管局机关人员50%以上。

李光耀与安全生产结下不解之缘的一个重要原因是:自己的家也是一个事故受害家庭。那是1986年12月22日,其哥哥李光照被一根倒塌的水泥电线杆砸成右腿股骨粉碎性开放性骨折。虽经抢救保住了性命,但因此丧失了劳动能力,后来引发其他并发症,过早地离开了人世,从而在全家人心中留下了永远抹不去的痛⋯⋯

担任濮阳市安全监管局局长后,李光耀发誓尽最大努力落实各项安全生产政策措施,千方百计地防止和减少各类伤亡事故的发生!在全市各级各部门各企业的共同努力下,濮阳市各类事故死亡人数从2002年的251人逐年下降到2011年的53人。2018年,李光耀撰写《安全生产工作探索与思考——濮阳市安全生产10年(2001~2011年)》一书,由河南人民出版社出版发行,受到了许多读者朋友的赞许。国务院应急管理专家组组长、国务院参事室原参事闪淳昌给予高度评价,称此书是来自基层的宝贵经验,应当加强交流与推广。应急管理部安全生产基础司司长裴文田、应急管理部政策法规司副司长邬燕云、应急管理部研究中心副主任贺定超、河南省应急管理厅党委书记张昕、中共河南省委统战部常务副部长王海鹰(时任)、中共河南省委组织部副部长高树森、河南省网信办主任郭岩松等,也对此书给予充分肯定。

根据习近平总书记关于大规模开展职业技能培训的重要指示精神,2019年5月,国务院办公厅印发《职业技能提升行动方案(2019~

2021年）》，明确提出要实施高危行业领域安全技能提升行动计划，普遍对化工、矿山等高危行业从业人员和各类特种作业人员开展安全技能培训，加快职业技能培训教材开发，严格执行安全技能培训合格后上岗制度等系列要求。为把党中央、国务院有关要求和政策落到实处，应急管理部会同人力资源社会保障部、教育部、财政部、国家煤矿安监局5个部门联合下发了《关于高危行业领域安全技能提升行动计划的实施意见》。文件提出，要建设安全生产数字资源库，推动安全培训课件、事故案例、电子教材等资源共建共享，积极鼓励各方开发适合企业特点的培训资料、教材。

2019年，我们萌生了编写一本《生产安全事故调查处理实务与典型案例》的想法。我们以党的十八大、十九大精神，特别是以习近平新时代中国特色社会主义思想为指导，从2013~2020年全国各地、各级政府相关部门依法公开的事故调查报告中，遴选出一批具有教科书意义的典型事故案例，对照国家标准《企业职工伤亡事故分类》（GB 6441—1986）规定的20种事故类别进行规范化摘编。《生产安全事故调查处理实务与典型案例》初稿完成后，应急管理出版社的牟金锁老师、史风雨老师，河南人民出版社张存威总编辑先后提出了宝贵意见。特别是应急管理部于2019年11月1日举行新闻发布会，解读《应急管理部 人力资源和社会保障部 教育部 财政部 国家煤矿安全监察局关于高危行业领域安全技能提升行动计划的实施意见》后，央广网、中国应急信息网等各大媒体相继做了深度报道。我们邀请此次新闻发布会主讲人、应急管理部安全生产基础司司长裴文田，恳请他对书稿进行斧正并撰写序言。裴文田司长欣然同意，并挤出时间为本书的修改提出了许多重要意见。全国新闻出版行业领军人才、黄河水利出版社岳德军副社长对本书的选题和编辑出版付出了大量心血。原濮阳日报社总编辑、高级编辑张光对本书的文字表述进行了认真校勘，濮阳市十大名中医、主任医师李西方为书稿中的涉医部分进行了技术把关。国家濮阳经济技术产业开发区党工委书记、二级巡视员陈晓华,濮阳市应急管理局党委书记、局长石孝广,清丰县交通运输局党组书记、局长李永科,豫粮集团濮阳粮食产业园有限公司总经理贾艳周,濮阳市安全生产和职业健康协会理事长余风华等,为此书的编写提供了大力支持。在此,谨对他们致以崇高的敬意! 谨向对本书给予大力支持的黄河水利出版社表示衷心感谢!

如有不妥之处,敬请批评指正。

孙兆贤　李光耀　孙　煌　朱维亚

2020 年 11 月